U0018944

# 團隊好習慣

## Team Habits
### How Small Actions Lead to Extraordinary Results

查理·吉爾基
**Charlie Gilkey**

吳盈慧———譯

獻給安琪拉‧惠勒（*Angela Wheeler*）
妳是我最堅定不移、最了不起的隊友，更是我的歸屬。

# 目錄

# 現今迫切需要
## ──更好的團隊習慣

生大材,不遇其時,其勢定衰。生平庸,不化其勢,其性定弱。
──老子

「查理啊,我沒轍了!就算兩個月前就跟團隊說過,我很擔心這個案子最後會回到自己手上,當時團隊跟我一樣煩惱,可是最後案子還是回到我身上!現在,我根本無法做原本該做的策略規畫,因為我還得幫忙做他們的工作!」

「哎呀,也太慘了吧!看到火車迎面而來,然後你還要等著被撞。」

「是不是?!真心不明白為什麼這種事情會一再發生!為什麼他們不能……把事情做好?」

「他們都很聰明,有豐富經驗,而且很想達成目標,

對吧？」

「是呀，這就是事情會變這麼難的原因！」

「好的，這麼一來，我們現在要處理的就是一臺壞掉的印表機。」

「咦？壞掉的印表機和這件事情有什麼關係？」

＊＊＊

「查理，我要累死了！我花了一整天的時間在回答問題，批准根本就不需要批准的事情，還要提醒大家我們之前談了什麼內容。唯一讓我能夠趕上工作進度的方法，就是提前三小時起床，趕在團隊上線之前，先做自己的工作。」

「也太操了吧。這是最近才發生的事情，還是已經發生一段時間了？」

「我來這裡兩年了，打從一開始就是這樣。不管討論多少次，他們隔天又會提出更多問題。」

「那我懂了，我們現在要處理的就是一臺壞掉的印表機。」

「呃……我想你可能沒有搞清楚狀況，我們都是遠端工作，跟印表機完全沒有關係。」

＊＊＊

「查理，我根本沒辦法在工作上全力表現。一到辦公室，大部分時間都在開會，就算沒有開會，也得上 Slack（編按：提供團隊線上溝通的平臺）對話視窗，確認沒有錯過什麼內容。」

「也是，每天行程如果跟瑞士起司一樣坑坑洞洞的，一下在這裡、一下在那裡，就很難在工作上全力施展。但，我好奇的是：只有你遇到這樣的問題，還是其他人也有同樣的問題？」

「我們全都一樣！開會時，或是在 Slack 對話中，大家時不時都在講要參加多少場會議，或是 Slack 有多少資訊還沒讀。」

「嗯，我們現在要處理的就是一臺壞掉的印表機。」

「老兄，你太落伍了吧！現在沒有人會把東西印出來了。」

\*\*\*

我每天跟客戶、讀者、學生進行上述的對話，而且確實被笑說太落伍了，可是我明明就踩在 X 世代和千禧世代的交界點上，不過聽起來的確蠻好笑的。

對話的最後，我當然會解釋何謂「一臺壞掉的印表機」。包括你的團隊在內，每個團隊都有這麼一臺壞掉的印表機，而這可能也是你為何拿起這本書的原因。那麼，到底什麼是一臺壞掉的印表機呢？

每個我曾任職或是提供過顧問服務的組織單位，都有這麼一臺壞掉的印表機。大家都知道這臺壞掉的印表機，但就是沒有人去修理！你肯定也知道這麼一臺壞掉的印表機。

這臺印表機會在紙上留下一條線，平時只是幫團隊列印會議議程，倒不成問題，但若是列印資料給大老闆或是客戶的話，就無法接受了。

也可能這臺印表機會不定時吃紙，或只能使用特定紙張，但這種特殊紙張似乎時常缺貨。

或者，這臺印表機位在樓下事務經理的辦公室裡，但他老是在開會，每當經理不在時，剩下的團隊就得花時間辨別資料，才能釐清哪些列印資料該歸給哪個部門。

又或是，這臺印表機需要密碼，大家卻老是記不住，總是需要重新設定密碼才能運作。

亦或這臺印表機其實在某人的辦公桌上或櫃子裡，或是躺在會議室角落某張沒有在用的椅子上。

總有這麼一臺壞掉的印表機，只有在往下、往後看的時候，才會發現這臺壞掉的印表機其實是個大問題，因為一旦印表機壞掉了：

- 團隊成員在大老闆或客戶面前顯得匆忙又狼狽，因為看到印表機留下那條線後，不得不衝去重新列印所有文件。
- 因為需要特殊紙張，所以辦公室的紙張預算總是超支。
- 每週發生七次，技術部門（就是小莉啦！）不得不停下手上工作來修理印表機，這花的可是技術部門和所有人員的時間。
- 開會時，大家都會分心，因為沒有列印議程和資料，同仁只好在裝置上查閱檔案。此時不管討論什麼，都會因裝置

跳出的訊息通知、電子郵件，以及螢幕太小，而搶奪了與會人員的注意力。

- 開會時，總會有人得從外面搬張椅子進來，所以開會前又多了五分鐘的準備時間；或是出現「等泰勒坐好」的尷尬等待時間。

這臺壞掉的印表機向下造成的影響，分開來看可能都微不足道。但若加乘發生的頻率，就會導致大量的浪費，效率變慢、士氣低落。

史帝文‧克瑞默（Steven Kramer）和泰瑞莎‧艾默伯（Teresa Amabile）[1] 在其合著的《進展法則》（*The Progress Principle*，暫譯）一書中指出，小阻礙和挫敗的發生頻率，會造成團隊士氣與參與度的極大影響。因為一臺壞掉的印表機，而引發的埋怨責怪、生氣憤怒，以及「我努力不讓自己抓狂」的感受，已成為日常工作中情緒勞動（emotional labor，譯按：指須費力調整情緒反應的付出）的一部分。

但事情是：多數團隊只要花不到五百美元就可以換臺印表機。更甚者，或許只要注意到角落那臺印表機，趕緊處理掉就可以了。團隊浪費的時數，以及每天花在 #FML（譯按：F\*\*K MY LIFE 的網路用詞，表達令人絕望的煩惱）的時間，價值數千美元，卻被五百美元的決策，或是十五分鐘的行動給牽制了。

印表機壞了，其實沒什麼大不了，但造成的原因及為什麼沒有被提出來解決，就是天大的問題。我們可以不假思索地召開會議，但組織這場會議所付出的成本，卻是更換印表機費用的兩倍，而這臺壞掉的印表機就這麼難以處理？

有趣。

壞掉的印表機是從根本而起的團隊互動情形，這部分我們等等會討論到。不過，要是你的工作沒有被壞掉的印表機給耽誤的話，請別擔心，因為這問題真的「無關」印表機。

## 有時候，問題不在印表機

我一直在談的是貨真價實的印表機，因為對於在職場待過一段時間的人來說，印表機壞掉的模式幾乎無處不在，十分具體、也易於理解。所以，壞掉的印表機成了最好的描述，用來指稱相互合作裡，那些可以修復的小問題。

然而，許多壞掉的印表機，其實並不真的是臺印表機。舉例來說，我訓練的某位高階主管客戶，最近發現組織聘請的心理師，因為少了一條八美元的電腦線，三個月來都無法提供諮商服務。

先別提組織支付給心理師的薪水高達數千美元，就連在COVID-19 期間許多員工心理健康方面都出現問題時，心理師也無法提供諮商服務。三個月以來，主管都知道心理師需要一條電

腦線，技術部門同樣知曉。但是，直到因財務報告出錯而召開的某次會議上，才提出這項需求。

是的，就是一條八美元的電腦線。請放心！我的客戶在我們討論這件事情的當天，已經確保心理師取得電腦線了。

壞掉的印表機未必是個實物的問題。以可怕的一長串副本收件人為例，很多人每天都要花費數小時查閱 CC（Carbon Copy）清單，以便弄清楚這封信跟自己到底有沒有關係。同樣的情況延伸到群聊軟體，如 Slack 頻道轟炸和過度討論的群組。多數人都知道這是個問題，但就是沒有人採取行動解決。

或者，也許你那臺壞掉的印表機比較像「得自己冒險探索」，因為團隊成員互相分配工作時，有人用電子郵件、有人傳訊息、有人用 Slack，還有的是召開會議，另有極少數人是在團隊任務管理的應用程式中指派工作。這麼一來，大家要到七個不同地方，找尋接下來的工作，還希望自己千萬別漏了。

又或者，你那臺壞掉的印表機是每天提出好幾次協作檔案權限的請求，但最煩人的不是點擊按鈕提出請求，而是得等上半小時、幾小時甚至隔天，檔案所有人才會出現，在這之前只能卡著。更別提，有多少次檔案所有人放假時，我們根本拿不到權限。

協力合作的方法（我稱為「協作方法」），就跟印表機實物一樣，都是可以修復的。

## 什麼是協作方法？

協作方法是由我們的團隊習慣、組織政策、技術科技、法律規定、組織結構共同形塑而成。結合每個環節就能打造一套系統，所以跟其他系統一樣，改變或影響其中一個環節，就會對其他環節造成轉變與作用。健康無礙的協作方法有助我們工作，但生病壞掉的協作方法便會加以妨礙——要不要解決損壞的協作方法在於人的選擇。

我將本書重點聚焦於協作方法下的團隊習慣，因為團隊習慣是大家共有，所有人參與其中，也能付出改變。正如同個人習慣一樣，有好習慣、也有壞習慣，每個團隊會擁有有益工作的習慣，以及阻礙工作的習慣。因此，找出團隊的壞習慣，轉變成正向有助益的好習慣，就和改掉個人壞習慣一樣，是有機會做到的事。

在此我想強調：**無論在公司扮演什麼角色，你都擁有改變團隊習慣的能力。**而且，面對其他更棘手、難解的協作方法時，改進團隊習慣也能帶來轉變。

人人都可扭轉團隊習慣，但這不代表我們有同樣的權力帶來改變，也不代表新的協作方法不會有不利影響。許多人的工作環境有著嚴格的階級制度，這種環境裡的團體互動總是相當尖銳。大家背景不同，表示我們得在組織內或較大的文化環境裡，處理內隱偏見（implicit bias，譯按：指深埋於潛意識裡的偏頗想法）。此

外，各行業裡同樣具有根深蒂固的規範和架構限制。

也就是說，我們可以花時間生氣和抱怨無法改變、或是還沒準備好改變的人事物，然後忽略杵在我們面前能改變的部分。抨擊像是產業規範等大環境協作方式，其實無法有效處理產業規範對團隊習慣帶來的影響。不管產業發生什麼事情，你們都有自己的團隊習慣，所以最好先撇開這些產業規範，著手扭轉此時此刻的團隊習慣。

現今世界，有關領導、團隊合作、變革管理（change management）的書籍，大多專注於崇高的理念、未來工作、大戰略等議題。但我在此提出的觀點，既簡單又平凡：若想讓團隊更有效率，請聚焦在團隊習慣。

## 為何先從團隊說起？

你肯定注意到了，本書的開端不是在談人，而是在談壞掉的印表機和團隊習慣。一本談論打造團隊的書籍，一開始卻不談人，看來跟慣常做法有些不同，但這絕不是偶然的決定。無數書籍的焦點，皆是藉由改變人來打造更好的團隊，諸如改善主管能力、授權有所貢獻的個人、提升領導者技能等，但通常的結果便是團隊與組織基本上沒什麼改變。

團隊是由人組成，所以了解多數人的本質會有所助益：

- 人的本性是以目標為導向，但這不代表我們一定有雄心壯志。只不過是人的基本構造如此，所以會力求收穫、避免吃苦。
- 人希望被喜歡，想要與他人建立良好關係。同樣是人的基本構造，天生就是相互合作的生物。
- 人們喜歡完成工作，看起來或許和目標導向雷同，實則不然。與目標導向的心理狀態相比，這更關乎我們完成工作時獲得的情緒感受。

沒有人一早起床就說：「你知道嗎？我今天什麼事都不做，我要搞砸團隊！」只有反社會分子，或是被逼到絕境的人，才會有這種想法。

這下就難理解了！如果人本來就以目標為導向、在意人際關係、有完成工作的動力，那麼多數人反映的團隊工作，情況應該更為順暢、簡單才是。此外，如果將團隊問題視為人的問題來處理，那麼根據起初的假設，就是團隊裡至少有一位成員未具備人類基本構造囉。

**團隊工作的好壞，真的跟團隊成員無關，而是在於成員如何彼此合作。**無論價值是指成果、發明、收益、貨品、服務、體驗，團隊在組織機構裡是創造價值的基本單位，個人無法獨自創造價值，人與人要先彼此互動，才能創造價值。團隊創造的價

值，就像是到迪士尼樂園的遊玩體驗，有別於街頭藝人獨自穿著米老鼠道具服站在街角的表演。

然而對我來說，之所以聚焦團隊，最重要的原因如下。

## 改變組織最好的方式是？

我們都聽過這句妙語：人不會離開糟糕的公司，但會因為糟糕的管理者離開。其中有幾分道理，但我覺得搞錯目標了，因為這句話的重點放在管理者身上，而非團隊習慣，這些習慣造成糟糕的管理者繼續掌權。

這句話正確的地方是，人的去留取決於每天互動的人。無論組織規模大小，多數人有 80％的工作時間，都是與同樣的四至八個人相處。不管組織架構如何劃分，這群人就是我們真正的團隊。

我們就是在這個團隊裡感受到歸屬感，又或是感受不到歸屬感。許多人都有這樣的經驗，為了團隊，撐過感覺很糟的工作經歷，要不是為了團隊成員，我們早就翻桌走人。同樣地，我們也經歷過另一種經驗，感覺自己有份很好的工作，但因為團隊運作極差，工作環境煩人，讓人很難感到快樂。

這就是團隊的力量。

強大的團隊，人們會擁有非常融洽的關係、十足的影響力，以及相信自己的積極態度。如果覺得會議效率差，我們會去改

變。如果想要換種方式談論目標，我們就會去做。如果需要相互支援，我們就會聚在一起、尋找解決辦法。

要是能讓團隊的工作與生活變好，等於提升了我們 80％的工作生活。當團隊的生活變好了，歸屬感就會增加，讓我們更想投入團隊工作，事情做得更好。

這也是團隊的力量。

閱讀本書時，當你讀到工作中無法改變的地方會想握起拳頭揍人，這時記住我們談的是改善團隊的歸屬感和績效，而不是整個組織的歸屬感和績效。事實也證明了，專注於自己的團隊往往是改變組織最好的方式。

## 3％的人如何轉變文化？

我們會認為變革得由高層發起，但真實的情況是：由上而下的組織變革裡，有三分之二都會失敗。[2]

由上而下的變革計畫並不簡單，部分原因是轉變一群人的行為，不只是以遠見想法做為啟發，更需要把這些想法轉化成每個人每天都在做的日常習慣。

經過證實，在文化群體或組織之中，相對偏少的人數比例（小至 3％）就可以扭轉所屬文化或組織裡的其他成員。納西姆・尼可拉斯・塔雷伯（Nassim Nicholas Taleb）在其著作《不對稱陷阱》（*Skin in the Game*）[3] 中，提出令人信服的論點：在錯綜

複雜的系統裡，只需要「總人數的 3％ 或 4％，就能讓所有人接受這一小群人的喜好」。

縱使不是生活在十足菁英制的文化裡，但我們的文化確實注重具有成效的事物。當某個團隊的表現開始超越其他團隊，組織裡各個層級的人都會注意到；同儕也會注意到。研究顯示員工從同事身上學到的東西，遠比從高層人員或管理階層學到的更多。[4] 這樣的團隊表現得愈好，組織的管理和領導階層就愈有可能開始了解其中產生作用的方法。

當然，一開始會先聚焦在該團隊的成員，並將成功歸因於他。不過，如我前文所提，這無關人的本身，反倒是跟他們的習慣有關。

組織共有的價值觀、目標、態度與做事方法，定義了組織文化，而組織文化的實踐正是團隊習慣。儘管價值觀、目標和態度都很重要，但說到底，我們共同做的事就是整個組織展現出來的模樣。

改變我們的習慣，是轉變組織文化的絕佳方法。繼續落實既有習慣，等於是在強化現有文化。若不喜歡組織文化，那麼你得轉變組織習慣。

**持續同樣的習慣，只會強化固有文化。**轉變組織唯一好方法，就是改變你的團隊。至於能讓團隊保持團結最好的方法，就是彰顯團隊習慣的重要性大於團隊成員這一點，這些團隊習慣在

組織中可以快速地複製實踐，挫折感與人力調動也可以保持在最小幅度。

權力就掌握在你手中。

改善團隊習慣就能促進公司發展；邀請團隊外的人員參與專案，進而學習如何完成專案，反之也可以讓自己參與其他團隊的專案，協助對方把案子做得更好。

若想轉變組織，這就是你可以著手的做法，但這方法無法立即見到成果，也不是一次就能搞定。其實，一點也不容易。

## 最成功的領導者都專注小事

在深入探究團隊習慣的具體細節，以及如何改變習慣前，你可能很好奇我到底是怎樣的一個人，還有我對有效團隊（effective teams）有什麼認識。

過去三十五年，我一直從事領導力相關工作。小時候就在童子軍參加領導力計畫，而且我是軍人家庭中長大的孩子。所以十幾歲時，就接觸領導與教學。從那之後，儘管我嘗試脫離，但都不曾遠離領導力領域。

我的領導經驗中，強度最強、影響最大的時期落在 2000 年代。當時我加入美國陸軍和陸軍國民警衛隊（Army National Guard），分派支援伊拉克自由行動（Operation Iraqi Freedom），出任運輸排長。期間又被指派至上級指揮總部（higher headquarters），在營隊裡擔任計畫官、狀況協調官。此外，針對遭到伏擊、意外等重大事件的車隊，我也在行動後檢討（after-action review）期間擔任主要調查員。

先前的角色，我花了許多時間確保車隊做足準備，並可順利運行。但在最後的角色中，我則是要詳細解說哪裡出了問題，接著才能進一步制定戰術、技術及程序（TTPs），然後傳達給整個戰區。在我負責調查的車隊伏擊事件中，有一起是伊拉克自由行動中最錯綜複雜的事件。[5]

後來再次調派，我擔任單位的執行官副長（executive officer，副主官），而我的單位成為最快完成重新部署，以及重啟美國本土行動的單位。期間，我接下一項特別任務，運用自身戰區裡的經驗和 TTP 知識，負責培訓聯合部隊與國際部隊，教導部隊如何執行戰略性車隊行動。完成此項任務後，我被賦予重新部署單位的連隊指揮權，更接連打破在前一單位創下的重新部署紀錄。

和我的部隊取得成就一樣重要的是，當下經歷的。我所在單位的指揮官在戰區被解職，接著我負責指揮美國本土行動的單位，指揮官同樣被解除了職務。因此，在高節奏的任務行動與轉換期間，我還經歷重建領導團隊與組織文化。

這緊湊的六年裡，我是邊開飛機、邊學習修理飛機。

整個過程，我不斷注意到一個模式：**最成功的領導者與單位，都專注於許多人認為是細枝末節的小事。**

我很幸運，部隊裡有優秀的中士和初階軍官，我得做的幾件最重要的事倒也簡單：確保大家按時收到薪資、達成大家提出的行政要求、沒有越界去管中士的職務（並且我的軍官也沒有越界）。此外我盡責完成自己的工作，負責與所屬的營區和上級指揮總部聯繫互動。如此一來，我的部隊成員就可以專注在自己的任務上，盡可能避免上級指揮總部的干預。我還學到一件事情，那就是掩蓋資訊和管太多得付出的代價。

軍事生涯來到尾聲之際，我開始在 Productive Flourishing（編按：作者成立的創意公司，幫助創作者、商業人士找出最重要的核心價值）平臺撰寫部落格文章，傳授有關生產力、規畫、領導力、企業家精神的知識。一邊努力完成哲學博士學位，一邊努力管理軍旅生涯和打理生活。起初只是為了自我探索而開始的個人挑戰，後來竟讓自己踏入教練與教育的領域。我的博士研究探討倫理學、社會政治哲學、人權方面的議題，這讓我有機會沉浸於了解什麼樣的條件可以為個人與社會締造繁榮。此外，博士研究顯然有助我在教授上述主題時，為大家帶來更豐富的論點。

一路走來，人們開始請我為他們遇到的領導問題提供建議。2009 年，我開始擔任高階主管和商業教練，接著自 2014 年起，我的工作愈來愈往高階主管教練、策略執行顧問發展，同時出任組織與規模化企業的職場諮商師。

另外，我積極參與非營利和慈善性質的社群，服務不同組織

機構的執行委員會，目標是解決教育不平等的根本問題。理事會和非營利性質的服務，讓我的協作領導力愈來愈上手，同時讓我在軍方與創業的指導型領導（directive leadership）上，補足一些經驗。

如今，Productive Flourishing 的團隊人數從十人到三十人不等，取決於計算方式和進行中的專案而定。因此，我長期處在管理、領導一個不斷發展變化的團隊。與預期相反的是，比起過往包含領導戰術車隊行動在內的領導經歷，其實帶領 PF 團隊更具挑戰。過去十四年，我有充足的時間與自己的團隊一起練習、一起實驗、一起失敗，然後重頭來過。

在此，我得明確表示，即便我有深厚的相關背景，但沒有打算指引大家打造軍事化／階層制度類型的組織。相反地，正因為此類型組織具有缺陷，我才會踏上探索如何改變的旅途。

當年我向我那群中士提出，為了成為更好的領導者，所有人都需向上回報和做 360 度回饋（360-degree feedback）——比金・史考特（Kim Scott）出版《徹底坦率》（*Radical Candor*）[6] 一書早了幾十年。你真該看看當時中士們的惶恐反應！那時候我還是中尉，所以我知道得做自己擅長的事情。不過，從那次經歷學到的心得倒是帶出 Productive Flourishing 執行的「績效評估法」（老闆得負責後勤支援、面對棘手問題），同時讓我自己了解擔任高階主管客戶採用 360 度回饋時的想法。

上述分享不是為了吹噓我有多厲害，而是要讓你了解本書提出的觀點基礎為何。幾十年來，我接觸過不同的背景和大量案例，全都彰顯出相同模式：**愉快的團隊合作取決於各種細小的日常互動，帶來成就感與歸屬感。**當然，魔鬼沒走遠，就存在我們每天得面對的壞掉印表機，以及沒有兌現的小承諾裡。

## 收下你不想要的禮物：VUCA 與 COVID-19

　　事實上，過去幾年我們都經歷了一堂變革管理的速成班，這也是現今 VUCA 環境與 COVID-19 帶來的禮物之一。

　　VUCA 是 90 年代軍事教育和理論發展出來的縮寫詞。雖然，軍事戰略家是在軍事背景下創立這個詞彙，卻描述出當時已迅速浮現的全球狀態。

　　VUCA 的四個元素分別為易變性（volatility）、不確定性（uncertainty）、複雜性（complexity）、模糊性（ambiguity）。

　　2000 年代，網路和科技技術引發快速變化，整個世界變得比以往更為 VUCA，此時這個縮寫字就進入民間的領導力與戰略討論。比起「穩定的」環境裡，VUCA 環境中的工作與領導具有本質上的差異，這正是 VUCA 模型的洞察力與恆久之處。因此，我們以前所學的領導、管理、工作的經典原則，此時要麼行不通，要麼就是必須以截然不同的方式應用。

　　了解 VUCA 模型，有助我們接受團隊習慣的動態性。

- 本季度可行的方法，到下一個季度可能就行不通了（V，易變性）。
- 我們的生意或組織模式可能有變化，但還不知道如何變化以及何時發生（U，不確定性）。
- 團隊或組織在某方面出現微小變化時，將改變其他方面（C，複雜性）。
- 我們認為的信號可能只是個雜訊，反之亦然（A，模糊性）。

因此，我們得謹慎、盡最大努力創造一致性、明確性、簡單性、連貫性，也就是與 VUCA 相反的特性，同時明白 VUCA 就是在工作上把我們往下拉的重力。此外，對抱持可能主義者（possibilitarian，譯按：指不悲觀也不樂觀，理性了解現況，相信未來可能有好的發展）而言，這樣的環境提供很多機會來實驗、改變和解決在 VUCA 出現前及現在都起不了作用的協作方式。

如果說我們所處的 VUCA 世界還不夠看，那 COVID-19 是徹徹底底改變職場，而且再也回不去了。

COVID-19 幾乎打破我們原先所有的習慣。遠端工作，原本是某些公司在嘗試的工作模式，現在變成許多人既定的工作方式。以前討厭線上會議的人，如今別無選擇，只能乖乖上線開會。從前總是利用泡咖啡的空檔，找同事閒話家常和討論事情的

人，現在突然得找其他方式腦力激盪和分享想法。還有，我們當中有許多人都習慣在沒有孩子、伴侶、寵物陪伴的情況下工作，但這下發現跟他們一起在家工作要付出太多精力，遠超過實際收到的薪資。此外，剝奪了與人接觸的活動，而且許多人至今沒找到替代方式。

COVID-19 對職場造成的巨大干擾，主要可分為三類：

1. 以前看不到的習慣，現在都暴露了。好的團隊習慣會漸漸消失不見，而壞的團隊習慣逐漸被接受為正常行為。直到離開正常的工作環境，我們才會「看到」這個狀況，正如同出外旅行回來才會看清自己家的模樣。

2. 以前我們不覺得可以選擇改變。許多團隊習慣都取決於某種形式，但現在我們無法再照這種方式工作了。因此，此時的動亂顛覆，帶來了變革機會，也讓變革成為必要。

3. 我們明白可以改變現有的團隊習慣，同時打造新的團隊習慣。不僅要投入團隊習慣和協作方式，還可以創造、維護相互合作的方式。也就是說，我們可以再次創造團隊習慣，也可以只是投入這些習慣。

結果說明了，不需要傳染病，你也可以創造更好的新常態——傳染病只是幫我們戰勝惰性。

既然都得創造新常態，怎樣才能創造更好的呢？畢竟都要培養新的團隊習慣了，何不想想有哪些習慣可以產生更多的歸屬感，以及更好的績效？以下是我不斷向客戶、團隊、我參與的非營利組織提出的疑問。

## 你打算如何處理壞掉的印表機？

或許你會說：「查理啊，全部的事情都還在進行，我們沒有時間處理這種小事，這臺壞掉的印表機不屬於優先事項。」

我同意，但你敢看著團隊成員的眼睛，大聲地再講一次嗎？因為你真正表達的是：「解決這些事情，能讓我們所有人合作更順利、更快樂地工作，但不是優先要處理的事。」

其實，不用大聲講出來，因為你的作為已經說明一切。

我在 2022 年撰寫這本書，兩年前或許還有改變的熱忱，但此時許多人早已失去這股熱忱。經過調整與適應，我們已經習慣過度疲勞的狀態，但最近我們要在特別 VUCA 的世界裡，尋找一些穩定性。

同時間，周遭仍然有很多臺壞掉的印表機；有些可能在這次大轉變前就壞了，有些可能是因為這次大轉變所造成。然而，問題不在於壞掉的印表機是否存在，而是你和你的團隊成員是否準備好修理它。

談到團隊習慣會有兩個必然情況：一是你已經投入到團隊習

慣裡，二是團隊習慣終會改變，但未必是變好。不過，如同管理顧問彼得‧杜拉克（Peter Drucker）所說：「組織裡，唯一會自行演化的，盡是混亂無序、摩擦分歧、成效不彰的事。」如果正向改變也會自行發生，那麼就不會有壞掉的印表機，也不會有可怕的一長串副本收件人了。

改變壞掉的團隊習慣，需要時間和專注力。然而，若未來前景堪憂，你得知道不管怎樣你都會投入團隊習慣，而改變是不可避免的。我希望你抱持著想要讓事情變好的目標，刻意地投入團隊習慣。

你可能會說：「查理啊，我又不是主管或高階領導人，那臺壞掉的印表機的確很讓人抓狂，但我又能做些什麼呢？」

在此希望大家可以丟棄這種假設，認為變革管理的工作只屬於主管、高階領導者，還有聘雇協助變革的顧問。我希望可以如同精益思維（lean thinking，譯按：日本豐田汽車獨特的生產管理方式）生產製造和營運民主化，將變革管理民主化（democratize）；精益思維的關鍵見解之一：最好的想法往往來自於最接近該份工作的人員。

無論扮演什麼樣的角色，你都是最接近自己工作的人，也最了解團隊如何運作。團隊發生的許多事，不需要外部的批准或資源，都會繼續留在團隊裡。本書討論的改變，大多不需要批准，只要團隊成員同意即可。你的團隊本來就有習慣，所以要討論的

是針對團隊現在已經在做的事情來改變與替換。

身為最接近自己工作、也最了解團隊如何運作的人，你肩負著重大責任。要不就是加入壞掉的團隊習慣，要不就是努力改變壞習慣。

從現在起，你不再只是打卡上班。每天工作時，你都得問問自己：團隊習慣是否有助於團隊表現和歸屬感。若有幫助的話，請繼續加油；若沒有益處的話，請解決這項團隊習慣。

不管怎樣，你已是其中一分子。

真正的問題在於，這類型的團隊變革早已落入管理者和領導階層的職掌，沒有足夠的決策和管理空間可以改變。要是我們改變現況，讓這項變革工作跟召開會議一樣簡單又符合預期呢？

過去二十年，我帶領了軍事單位，也建立團隊、訓練高階主管和企業家，出任非營利組織的董事，所以見證過團隊改善原有習慣，以及成員彼此建立關係後會發生什麼。同時親眼所見，領導階層移除原有障礙，不再強迫由上而下的變革方式，而是讓每個人參與其中後的轉變。**劇透資訊：歸屬感和留任率獲得改善後，團隊表現開始變好，大家會想上班、和團隊成員一起工作。**

其實，不用等到蓋洛普（Gallup）員工離職統計數據結果不斷提出警訊，大家之所以不想工作，原因不是他們本來就不滿意工作，而是因為組織竟讓壞掉的印表機持續損壞。

這本書裡，我們將會探討：修復壞掉的印表機和改善團隊習

慣，如何融入團隊原本就已存在的各種決策工作與談話討論。

我希望你可以試想一下以下內容：

- 若你是高階領導人：你的組織有多少臺壞掉的印表機？為此，犧牲了多少績效和士氣？為何印表機一直壞在那邊呢？
- 若你是主管或團隊領袖：是什麼防礙你修復團隊那臺壞掉的印表機？
- 若你是個人貢獻者：這臺壞掉的印表機每天都很擾人，你如何與團隊和主管合作來修復它？

如果，這臺每天造成你、團隊、組織許多問題的印表機，沒有因此引發你的挫敗感而激勵出建設性與啟發性，進而想要修好它。那麼請放下這本書，這本書不適合你。

如果你是主管或領導者，在找尋讓團隊變好的方法，請放下職位的權力感和特權感，因為你將不再享有這份特殊待遇。

如果你的團隊一致認為你還沒有準備好去處理團隊習慣，那太好了！你們大可專注在對自己重要的事務，並明白關於團隊習慣無法避免的討論，更像是種發洩活動，而不是解決問題。

但是，如果你已經準備好投入團隊習慣，改善自己、團隊、組織的生活和工作，就不要等到另一場流行傳染病，或是大規模

的外在轉變、內部危機才來面對。比起在危機發生的當下，在尚未出現危機時，比較容易嘗試不同的團隊習慣。

## 如何閱讀本書

既然你現在比較熟悉我的哲學思想與軍事背景，或許會很開心地知道我不會讓你猜測我們要往哪去、不清楚為什麼。我用軍方慣用的說法：「告訴他們你要告訴他們的事，去告訴他們！然後，還要跟他們說，你已經告訴他們什麼事。」這是沒有問題的團隊溝通習慣，所以我不打算修正它。

本書共分三個部分：

- 第一部分：這部分（包含本章）會概述團隊習慣，帶領讀者了解什麼是團隊習慣，說明為何團隊習慣是改善協力合作的關鍵，同時介紹不同類別的團隊習慣。在此，有個快速的團隊習慣查核工作，可協助釐清該從哪個團隊習慣類別著手。
- 第二部分：將個別討論每一類團隊習慣，我也會與你分享能在自己團隊裡嘗試的模式與習慣。不是每個建議都可以完美套用到你的團隊，但沒有關係，因為我的目標更長遠，希望建議的內容貼近到讓你能順應團隊背景，加以調適變化。

- 第三部分：解說如何制定計畫，幫助團隊改變習慣。由於團隊習慣是共同決定的，所以得從政治和社會層面開始著手改變，然後討論如何制定計畫，最後也會談到要是現實考量不得不改變計畫時，團隊該如何調適。

整個討論過程，我會分享各種不同的練習建議、工具與資源，這些資訊可見於：teamhabitsbook.com/resources。你在書中也會見到多處補充說明，解釋常見的組織框架，目的是提供簡單的概念，好讓每位團隊成員（個人貢獻者、主管、領導者）可以運用相同的語言和工具，談論團隊習慣的改變。

對了，書末附有詞彙表，列出「查理粉絲」閱讀本書會遇到的字詞。閱讀本書唯一的正確方法，就是最適合自己的方式。希望這本書會留在你的書架上，當你需要的時候，可以回頭找出來，而且每次閱讀都能帶來不同的感受。本書架構提供多種不同的探索與使用方式，以下列出四種符合邏輯的讀法：

1. 從頭到尾讀完，然後開始付諸執行。
2. 先閱讀第一部分，取得所需內容後，執行查核工作，閱讀有關所屬習慣類別的內容後，跳到第三部分開始制定、執行計畫。
3. 清楚知道得從哪一類團隊習慣著手，可以直接跳到第三部

分。若你想直接從某一類團隊習慣開始，那麼「歸屬感」、「決策」、「會議」這幾類準沒錯。

4. 第二種方法的變化體：回頭閱讀查核結果要你處理的下一個種類，再開始制定、執行計畫。

## 這本書要寫給誰

本書不僅僅是提供給主管和高階領導者，我的目標是讓組織內誰可以做出變革的想法民主化。

### 個人貢獻者

不同於大老闆只要走進辦公室，就能在彈指之間做出改變，個人貢獻者得以不同方式改變團隊。我的目標是教會你如何成為優秀的專案鬥士，以及成為絕佳的協作者。我會提供工具，讓你在自己的團隊裡，開始討論習慣這件事。同時，可以與團隊成員和主管分享這本書。

### 主管

身為主管的你，在組織內本來就擁有更多權限來做出改變，但你可能只是負責大型組織底下的某個團隊。你可以改掉一些不好的團隊習慣，但無法全面改變。我的目標是幫助你查核找出哪些團隊習慣問題最大，提供工具觀察團隊習慣的飛快改變。

## 高階領導人

本書將以不同的方式，讓你了解組織到底發生什麼事，更詳細了解為何有些事可行，有些卻不可行，希望讓你看到問題所在，畢竟壞掉的印表機通常不會出現在高階主管辦公室裡。閱讀本書時，你可能會一頭栽進去，想要立刻清除掉那堆壞掉的印表機，但我希望你能抑制一下衝動，不要一下子改變太多。

為什麼？因為，如果只是你單方面做了全部決定及推動專案，你可能也改變了組織，而你創造出來的團隊習慣仰賴的是你的意願，如此未來團隊要改變習慣也得仰賴你。

記住，你現在可能離實際工作太遙遠，無法挑選出最有效的解決方案。我寫這本書的目的，就是希望幫助你了解，組織該如何改變團隊習慣，並建立通用語言，闡述各級別團隊成員該如何站出來著手處理變革管理。

## 獻給每一位團隊成員

儘管本書談的是工作，但談論更多的是關係：你與工作的關係，以及你與團隊成員的既有關係。講述人際關係的書籍會涉及的問題，類似與我們自問關於工作和團隊成員的問題。（他們是我的隊友了嗎？我可以信任他們嗎？我們怎樣相處得更好？如何創造更為正向的共享經驗與意義？）

就跟處理人際關係一樣，為了工作更順利而去做的事都不會

浪費時間。此外，為了讓團隊合作更順暢所做的付出，很有可能大幅提升與團隊成員的各種工作關係。

聽到成員正在努力讓你的工作生活變得更好，你會有什麼感覺？是讓你有歸屬感、感覺到被重視？或相信你一定可以達成任務？還是讚賞你的努力、尊重你的建議，就算你沒有開口要求也主動支持你？

不論是個人貢獻者、主管，還是高階領導人，我們都可以成為這種團隊成員，本書接下來就告訴你該怎麼做。

## CHAPTER 1 TAKEAWAYS

- 每個團隊的合作方式裡，皆會有礙事的小問題，但都可以修復解決。

- 如同個人習慣有好有壞，每個團隊也有能促使工作順順利利、或阻礙工作進展的習慣。不過，跟個人習慣一樣，我們可以辨識出壞的團隊習慣，進而培養較為正向的習慣。

- 團隊是否順利合作，與團隊成員無關，而是關乎成員間如何共同工作。

- 無論我們是否心知肚明，團隊習慣一直存在；你要麼投入壞的團隊習慣，要麼在改變壞習慣的路上。

- 不論你在公司擔任什麼樣的角色，都有能力改變團隊習慣。

# 改變團隊習慣，
# 你有極大影響力

若想成就大事，你得先從小事培養好習慣。
——科林・鮑威爾將軍（General Colin Powell）

　　幾年前，我找了一位演說教練。剛開始上課時，我頗為沮喪，因為花在檢視我演講的內容、結構、想法上的時間太少。教練沒看我的演講，反倒把專注力放在我的說話方式。

　　結果證明，很多演講者的問題都是因為呼吸方法沒有效率。某堂課教練說：「查理，你一整天都在呼吸！我們現在來看看你是如何呼吸，確保你的呼吸方式有助演說表現。」

　　我很清楚教練在說什麼，其實他是對的。儘管說法不同，但我的運動教練、瑜伽老師、精神導師到軍隊領導人那邊，全都說過同樣的話。刻意呼吸這麼簡單的事，居然會對每件事情帶來如

此巨大的影響。那麼，既然你已經在做這件事了，何不就做對（對你會有助益）。

團隊、組織的呼吸方式，正是團隊習慣。無論你是否特別注意到，其實團隊隨時都在呼吸。只要待在團隊或組織裡，做為其中一分子，便參與了這個呼吸過程。隨著團隊工作的節奏改變，團隊習慣就會承受壓力或是獲得放鬆。依照團隊的組成或目標改變時，團隊習慣可能需要跟著變化。

你可能有過捨棄舊習慣、養成新習慣的個人經驗。或許是下定決心開始跑步、減糖飲食、冥想練習，又或是決定晚上不要滑手機、改閱讀一本書。那麼，你可能經歷過輕易回到舊習慣的惰性，同時明白自己非常需要刻意地反覆堅持新習慣才行。

你可能也曾嘗試改變個人的工作習慣，好讓工作更順利。把工作最有效率的時間規畫為專注時間段（focus block），或是把工作好好地分門別類，亦或試著培養我上一本書《完事大吉》（*Start Finishing*，暫譯）[7] 談到的個人效率習慣。若是如此，你可能遇到更大的挑戰，這項挑戰也是打從《完事大吉》問市以來，許多人找我討論的議題：你想要改變個人工作規畫裡的習慣，但是工作團隊文化的影響讓你有卡關的感覺。

你一點都不孤單。我曾聽個人貢獻者到高階領導人說過，他們受困於團隊習慣裡動彈不得。不過，這是可以解決的。團隊裡，你花了 80% 的工作時間與四到八人的小團體共度，你擁有極

大的影響力。或許你無法改變整個公司文化，大家都很習慣設一長串副本收件人，但你們可以改掉自己團隊裡這項壞習慣。如此一來，就能大幅減少對團隊成員的影響。

## 移山困難，移石容易

養成團隊習慣的方法跟養成個人習慣一樣，都不是能快速完成的事，過程會有挫敗的時候。

我們之所以能夠維持一種習慣，是因為持續不斷的重複和正向回饋迴路（positive feedback loops）。所以。根深蒂固的習慣須同時具備兩個要素：不斷重複（慣性）和正向回饋迴路（透過習慣化帶來低認知勞動、情緒勞動和社會性勞動）。為了養成新的習慣，我們需要重複、不斷執行，直到大家達到習慣化，並擴大增強正向回饋迴路帶來好的成果與歸屬感。

當我們從個人的行為與選擇，轉換到社會的行為與選擇時，轉移就會出現。若我是獨立工作者，當我把工作規畫轉變成更適合自己的方式後，或許會帶來一些後果，但多數情況都不難理解。然而，若和團隊一起工作，改變工作行程就需要討論與溝通，顧及成員需求和時間，明白這項改變可能是在開創先例，同時考量一大堆社會共同因素（持續或間接性的社會成本，以利團隊與組織保持現狀繼續營運）。

無論是個人還是群體，捨棄低認知勞動、情緒勞動和社會性

勞動，目的是換取多數人都認為更好的人事物。還好，大部分人都會同意，有更多的成功和歸屬感會更好，也願意為這樣的目標改變。

著手改變團隊習慣時，只談如何改變是不夠的，必須談談改變的原因才行。這原因不一定得是什麼偉大的公司目標，反倒是日常工作裡的小成就、歸屬感、舒適感就可以。

**事實證明，日常的小成就、歸屬感和舒適感，是所有人都可以投入參與的事情。**

社會有偏見，在商業界尤其明顯，那就是偏愛巨大的改變。這束西不管用？那就全部清掉，重頭來過。

儘管著手執行重大變革的想法，聽起來的確很了不起，但實際上卻是與終極目標──恆久改變背道而馳。這就像是在巨石下，塞入一根鐵棍，希望藉此移動一座山。然而，努力嘗試移動巨石後，最後沒什麼好的進展，反而弄傷後背，然後你就決定以後再也不要改變，因為一點都不值得。

以個人來說，我們都很清楚快速減肥和快速改變習慣，最後都不會持久。除非你是屬於少數人，可以接受嘗試一堆改變、最後全都無法持久的情況。否則你對於快速解決問題的捷徑會產生抗拒或不再改變。

團隊也會出現同樣情況，只不過團隊習慣的想法和期望是共有的，情況會更為劇烈。為了改變一個團體習慣，得與成員商

量，想辦法克服嘗試新事物的惰性。因此，除非是處理大家都希望修理的印表機（順帶一提，壞掉的印表機通常會是好的起點），否則團隊裡應該已經有人在思考值不值得了。無法堅持下去的快速變革專案，只會增強惰性，並加劇「這就是我們這裡做事方式」的感覺。

若放下手上的鐵棍、離開巨石，後退幾步，就會注意到你試圖移動的這座山，其實是由很多顆小石頭所組成。只要拿起一顆小石頭，你會驚訝地發現，一次搬動一小塊石頭會讓工作變得輕鬆許多，並且逐步取得進展。

面對團隊習慣，我希望你可以擺脫大變革的管理模式，專注於辨別可以快速改變的小習慣，這樣做有以下幾個原因。

## 快速打造動力

非要我猜的話，我想你的工作量已經很滿。除了處理改善團隊習慣的專案外，你的時間早已填滿日常職務內容。

找到可以處理的小專案後，很快就能看到轉變。先移動一顆石頭（例如，解決那可怕的長串副本收件人），幫自己取得餘力處理下一顆石頭。每移動一顆石頭，你與團隊成員會看見愈來愈多的進展，也愈來愈能夠打造動力。

此外，由於小專案的內容並不複雜，所以較容易重述專案的成功之處。如此一來，既可為團隊帶來活力，也可向團隊外的人

證明改變的價值。

## 依照人類時間軸行事

不移山、改移石頭的第二個原因：想獲得的愈多，專案得花費的時間愈長，保持專注的難度就會愈高。人類習慣以月為時間單位思考，所以把一個月做為團隊習慣衝刺期較理想。你可以在一個專案上保持一個月的精力，因為短期時間在人類時間軸上，感覺是可行的。

雖是這樣說，但有些專案會比其他專案花費更長時間，而有些組織可能比其他組織工作速度快或慢。在大型組織，團隊習慣的衝刺期可能需要一季才能全部完成，因為事情處理的速度就是比較慢。不過，別選擇需要一季才能改變的習慣。反之，聚焦於某個類別，決定這一個季度裡，這個月先專注 X 習慣，下個月處理 Y 習慣，之後再開始 Z 習慣，當這一季結束時，就能看到不一樣的團隊。

在新創環境裡，一個月可以完成的工作更多。與較小型的團隊搭配，更能充分集中精力，這就是新創公司的優勢之一，不過缺點就是得邊做邊學。

無論組織規模大小，選擇一個月可以完成的小習慣介入改變，更可讓團隊感受到動力。

## 更容易取得支持

不移山、改移石頭的另一個原因：團隊會有一套自我修正的機制。提出的改變愈大，面臨的阻力就愈大，更難看到持久的結果。移動小石頭可協助識別團隊這套機制會如何自我修正，接著更具體地解決問題。

事實上，長遠來說改變團隊習慣可能大家都會受益，但短期內有人會因此受損。因為原有習慣之所以建立，正是有成員從中獲益了。可能是鮑伯不喜歡使用資料庫，所以整個部門使用的是有著 243 個連結的試算表，非常沒有效率，但因為相對堪用，所以沒人說要改變。況且，更別提鮑伯一聽到有人提議，想要用資料庫取代自己一手建立的試算表，所出現的激烈反應了。

這裡你要移動的山是把試算表轉入資料庫，但你得搬走的第一顆石頭是改變鮑伯看待資料庫的態度。你需要告訴他為何資料庫這個解決方案更好，並說明沒有做出什麼改變的情況下，一樣可以獲得相同資訊，又能大幅改善團隊的工作生活。

鮑伯代表的就是自我修正機制。如果打算一次徹頭徹尾改造整套系統，那麼恐怕鮑伯會說：「既然你們有時間改這些試算表，看來你們現在的工作不夠忙。」接著，他會丟一堆工作給你們，要是再提起試算表的事，他會再次極力抗拒。

不過，如果只是先修改一個鮑伯不常使用的試算表，比較有機會讓他買帳。一旦他看到專案順暢運作，或許會願意再改另一

個試算表。隨著時間過去，當所有試算表都轉入資料庫後，鮑伯也會逐步意識到，比起以前團隊所習慣的方式，這項改變讓工作更加簡易了。

**暫時讓沉睡的猛獸躺著吧！**

聚焦在石頭上的最後一個原因：有的時候，山底下其實藏著一頭猛獸。

團隊習慣不是無中生有，而是因應整個組織更大規模的工作文化而誕生。舉例來說，某個團隊有群可怕的高階主管，所以團隊成員學會透過效率低下的習慣做為代價，因為這樣就能避免在高階主管面前解決問題，同時逃離勢必會發生的困境。這樣的團隊習慣雖然不盡理想，但團隊還是養成了習慣，原因就在於他們無法掌控部分既定事實。

藉由移動尺寸較小的石頭，讓你開始揭示更大的問題。你可以直接點出：「這裡有些需要解決的事情，我們該怎麼做呢？」接著展開豐富的討論。只不過，當你開始移動這座山時，可能就是在打開潘朵拉的盒子，裡頭有一堆無法輕易歸回原處的問題。

## 八大類團隊習慣

我把團隊習慣的各種小情況分成八種不同類別，但若堅稱八大類團隊習慣有明顯的區隔，倒也過於簡化，因為其中有許多類

別是相互交織。舉例來說，有時很難看出是溝通問題造成不好的目標設定，還是不好的目標設定引發溝通問題。

不過，別只是先抓個會議習慣，接著再抓目標設定的習慣，然後又抓規畫習慣，以大範圍的分類方式處理各項團隊習慣，有助你感覺在某個領域是持續不斷進步。此外，這些習慣與類別彼此串接，所以某個領域的改變可能會拉扯變動另一個領域。

定義類別等於是幫團隊找到集中精力的領域，但團隊習慣到底落在哪個類別並不重要，重點是有沒有修復那臺壞掉的印表機。只要專注某個類別，並以其為中心建立定錨專案（anchor project），團隊就開始邁向更好的團隊習慣了。

我之所以選出這些類別，是因為不斷出現在對話裡，無論是在談個人生產力，還是與團隊有關的議題，這些習慣總是反覆出現。無論你在哪個團隊，這八大類團隊習慣都有相關性。

1. 歸屬感
2. 決策
3. 目標設定與輕重緩急
4. 規畫
5. 溝通
6. 協作
7. 會議

8. 核心團隊習慣

上述類別的排序，不是我建議的處理順序（歸屬感例外，原因稍後會討論）。畢竟，團隊裡最難處理的那臺壞掉的印表機，可是獨一無二的。

八大類習慣中，團隊可能會自然而然地覺得應該從某類習慣開始。或許，大家都很喜歡團隊的開會方式，但不知道會議結束後會發生什麼事情，這樣聽起來團隊似乎有協作問題。或許，大家都很喜歡自己的工作，但已經受不了每次事情都來得緊急，那就是規畫問題了。

決定從哪一類習慣下手之前，請先了解以下幾點。

## 下手的問題很少是根本問題

舉個例子。我客戶的公司裡，有位出色的專案經理，擁有績效很好的團隊。可是，當這位專案經理升遷後，突然間整個團隊狀況百出。表面上看來，問題好像來自專案經理的升遷。難以駕馭新的領導角色與責任，這種情況並不少見，然而這似乎不是客戶遇到的問題。

記住，團隊合作遇到的問題，很少是人的問題。

我們的工作，一開始是讓這位專案經理感覺更有歸屬感、更平靜且放鬆，接著精進經理溝通與開會的技巧。過了三、四個

月，我們終於找到她真正的壓力來源，其實是目標設定和輕重緩急方面的團隊習慣。

基本上，這位專案經理升遷後，得依據團隊表現設定目標，但她本人對這些目標無從施展影響力。換句話說，團隊合作達成目標時，她沒有任何辦法使力推進，所以讓每個人都感到煩躁、不順心。

最終，我們要解決的問題，就是剛升遷的專案經理毒化了團隊環境，而這問題其實就落在團隊的核心裡——團隊凝聚力。這位經理的職掌架構，根本會讓整個團隊毫無勝出的機會。

大約經過一個月的努力，改變團隊目標設定的習慣後，我們取得很明顯的轉變。團隊環境更健康了，大家更能專注於真正重要的工作。因此，需要改變的不是專案經理，而是改變團隊在目標設定與輕重緩急上的習慣。

著手處理團隊習慣時，最終你會找到實際的問題點，而隱藏的問題肯定有原因。很多時候，無論是因為過於神聖、沒人敢觸碰，還是我們不開口問、從不講明白，總之那些隱藏的問題絕不是你第一個答案。

明白這一點，會有助許多面向。

## 重點是動起來

因為選擇困難而停留原地，這是很容易出現的情況。不過，

你不需要事先決定得從哪個習慣著手才是對的，因為一旦動了起來，就會看到每個習慣交織互動。改變其中一個習慣後，就會改變所有習慣，因為習慣全是彼此牽連。

如此一來，團隊在起點就能達成共識。其實，只要開始處理任何一個壞的團隊習慣，便會幫助團隊進一步看清核心問題，所以有沒有從最正確的團隊習慣開始改變並不重要。

## 不必百分之百正確

當你不必對選擇正確的起點感到困惑時，就可以安心了！不用擔心直搗問題前，必須趕緊正確診斷才行。只要相信團隊終會明白真正的問題點，同時清楚整個過程中，其實包含摸索出問題點這件事。

軍方有種說法「透過行動收集資訊」，其實直白的說法就是「動手做，然後看看會發生什麼事」。改變團隊習慣時，若能認真看待，而團隊也逐漸適應轉變，那麼打從一開始團隊可能就做了明智的決定。可是，大多數的情況，團隊都想知道實際會發生什麼事，唯一的方法就是先付諸執行。

## 激勵你持續深入探究

除非團隊對魚骨圖分析（fishbone analysis）或五個為什麼（five whys）非常在行，不然的話，通常首先提出的問題等級都會非常高。舉例來說，會議常是團隊開始處理的問題。大家想要

矯正開會文化，不過糟糕的開會效果，部分原因在於團隊的溝通和協作習慣很不好。大家要麼就是不清楚發生了什麼事，要麼就是因為角色與職掌的內容不夠明確，造成團隊需要時常召開會議。

---

## ｜框架｜五個為什麼和魚骨圖分析

「五個為什麼」和魚骨圖分析，是非常棒的簡易工具，可協助找出原因的根源。

豐田佐吉（Sakichi Toyoda，編按：日本發明家、實業家）首次提出「五個為什麼」，在豐田生產系統（Toyota Product System）和精益思維裡，扮演重要的角色。運用「五個為什麼」時，先要問：「這件事情／這個情況為什麼會發生？」得到答案後，重新問一次，後續至少要再追問三次。

雖然取名為「五個為什麼」，但可能得多問幾次「為什麼？」才能真正找到根本緣由。之後你可能會發現，問題的發生有著數個重要性相當的原因。然而，不要讓這直線性的問題，或是數字五，讓你忽略了「五個為什麼」的本意：深入探究找出問題的起因。

練習過「五個為什麼」後，或是覺得這方法不夠深入或全面，可以試試魚骨圖分析。更能清楚列出一堆根本原因，並按照

工作主題分類。想要進一步了解如何使用魚骨圖分析，請參見：
teamhabitsbook.com/resources。

---

　　歸屬感也有類似情況，團隊時常面臨有關歸屬感的挑戰，但鮮少拿到檯面上討論解決。書面紀錄顯示，成員都有完成任務、工作持續進行，但以長遠角度來看，可能會發現成員的流動率很高，大家的參與度薄弱，或是發現大家只做好該做的，不願意付出更多。表面上來看，似乎是因為團隊缺乏良好的合作，但根本問題其實不在團隊的協作習慣，而是歸屬感問題。

## 保有好奇心

　　最後，了解團隊選擇處理的問題可能不是根本問題，就能保有好奇心。我的建議是採取科學方式改變團隊習慣：先設定假設，然後進行實驗，不要用蠻力解決問題。如果能保有好奇心，而非僵化地執行解決方案，你就會有足夠的專注力收集所需資訊，並針對想要採取行動的地方進行改變。

　　別讓自己掉入只要矯正某件事情的焦慮漩渦，讓自己有機會停下腳步，以輕鬆好奇的態度探究團隊到底發生了什麼事。對問題的根本原因感到好奇時，或許就會想問：「這當中還有哪些因素？」如此一來，你就會回到解決根本原因，而不是聚焦在自己執著的點上，或是速速找個代罪羔羊交差。

## 選擇起點

說了這麼多，現在你應該從何處開始呢？

這答案取決於組織的規模與配置。一般來說，我會有三個必選習慣，視工作領域而定。依據個人經驗，按照此順序改善團隊習慣，就能以最快的速度獲取最大成就。

**若在大型組織**，你最需要改善的團隊習慣可能是歸屬感，接著是會議與決策。原因是大型組織的開會文化往往較為強勢，決策結構也較錯綜複雜。為了完成一件事，得先知道十八位不同的對象，需要先和哪一位討論；另外為了完成決策，或許還得面對許多政治操作（political maneuvering），以及預先對話（preconversations）。

**若身為創業家**，我還是建議從歸屬感著手，接著是溝通與協作。這是因為創業者通常都認為自己很擅長溝通，但往往不是這麼一回事。創業階段其實仍在學習如何與他人溝通，跳脫自己的腦袋，與他人溝通接下來要做的事、何時完成等。此階段的公司文化，具備充足的熱忱與遠見，但在協作、授權、平衡方面的團隊習慣，都還不夠健全。

你或許已經注意到，上述兩個例子的起點都是歸屬感，而歸屬感將是本書第一個討論的習慣類別。

**歸屬感是一切的基礎，卻未被注意和處理解決，所以我把歸屬感列為每個人的優先選項。**若你處於高歸屬感的團隊，那麼你

們可以解決所有的問題。歸屬感這項團隊習慣，可說是卓越表現的起點。當同事要出去買咖啡，經過你的辦公桌就停下來問：「嗨，需要我幫你帶杯常喝的燕麥奶卡布奇諾嗎？」這件事重點不在飲料，而是你們彼此建立的關係，還有你們都處在這份關係裡的事實。

有了這個基礎，團隊可以培養許多有益的習慣。不過，要是沒有高歸屬感，又試圖解決許多問題，團隊終究有可能提不出核心問題。

就算你非常期待立刻開始閱讀後面其他習慣，如：決策、協作，但我還是鼓勵讀者先讀完歸屬感這一章，再跳到想要的章節。

我們差不多要進入第一個團隊習慣：歸屬感，但最後我想提供指南說明，帶領你完成這趟旅程，第三章還會進一步討論細節。

## 運用 IKEA 效應

放下工具、拍拍手上的灰塵，好好欣賞自己剛剛組裝好的 IKEA 書架，這份喜悅也可以導入團隊裡。IKEA 效應指的是，我們對自己親手參與的事物會覺得更具擁有感，而團隊習慣的改變也不例外。邀請團隊成員加入改變團隊習慣的過程，新養成的習慣會因為大家都有參與而繼續保持下去。

改變團隊習慣不是個人任務，也無關爭奪權力與勝利，而是要建立凝聚力。

## 別想一次解決所有的問題

選擇一個（就一個！）團隊習慣類別，也就是能帶來最大幅改變的那一個，然後扎實地投入時間，改善團隊在該領域的運作方式。解決完最為緊急的那臺壞掉印表機後，問問自己在這一類習慣裡，是否還要完成其他重要工作才能滿意，以及是否準備好進入下一個類別。

## 對結果抱持開放態度

團隊是複雜的系統，改變這套系統會帶來意想不到及驚奇的後果。因為每次都只會處理一個小小的改變，所以要學會慶祝開心的驚喜，也要學會為不好的驚喜說聲「哎呀」就好。

若是拚命躲掉那些說「哎呀」的機會，很有可能錯過開心的驚喜。要記得，勝利與挫折都會發生，一次進行一項改變的風險很低，而且挫折都是短暫的；懷抱著最終會帶來更棒的歸屬感與表現的心態，既能鼓動人心又持久不滅。

## 選擇大小適中的專案

如上所述，選擇小一點的習慣，最好是能在一、兩個月內完成衝刺的改變，而不是選擇需要六個月以上的時間才能完成的

習慣。

　　開始著手改變習慣時，要格外留心，因為大家都傾向選擇超出能力範圍的改變，再加上團隊沒有足夠的經驗，所以很難判斷團隊得花上多少時間才能完成衝刺。

## 從痛點著手

　　從最具爆點、或是最能觸及痛點的團隊習慣開始，是團隊最佳成功的機會。可能是那臺壞掉的印表機讓你抓狂，也可能是每位成員都抱怨好一段時間的那件事。

　　從帶來最大痛點的那臺壞掉印表機著手的話，可為團隊帶來強大的正向回饋迴路。若是搞不清楚哪個習慣最難受，就選擇最能激發團隊的習慣。這麼一來，團隊在努力改善在意的事情上，將獲得正向回饋迴路的經驗。

## 做個評估測驗

　　不論你認為團隊面臨的最大問題是什麼，其他成員的看法可能不同。要界定根本問題，就跟盲人摸象一樣，每位盲人只摸到大象的某個部位，如腿、軀幹、尾巴，就推測整頭大象的樣貌。因此，每位成員得改用團隊的經驗視角，才能看到同一個根本問題。

　　因此，我才會建議在本章最後一部分，進行評估測驗。就算你認為團隊的會議習慣很糟糕，但不表示其他成員也是這樣想。

這份測驗評估可以協助釐清團隊最緊迫的事；可以的話，請與其他成員分享這份評估測驗，不僅有助團隊找出真正的問題，而且要是一開始只是你獨自推動改變，測驗後也可以讓大家更願意接受你的提議。

## 打造更好的團隊習慣不是火箭科學，而是火箭練習

團隊習慣的概念，以及需要改變的特定習慣，這些都不難理解。套句俗話，團隊習慣不像火箭研究那樣困難。不過，簡單既有好處，也有壞處。

「尊重每位成員」、「會議要先規畫議程」，這些說起來都很容易、也不難理解。可是，如果那麼容易達成，為什麼我們沒有繼續這麼做？怎麼沒有早在團隊裡看到成果呢？

我們在個人的生活中，面對了許多健康習慣，也是同樣的情況。我們知道，如果想要保持身材，就得選擇一項運動，然後開始運動。然而，我們卻暗自希望解決方案複雜一點比較好。

因為如果是複雜的方法，我們就可以脫身；但若是直截了當的簡單答案，就沒有藉口不開始養成這項習慣。上述這種情況，時常出現在找我當高階主管教練的客戶身上。我鼓勵主管們每天練習與團隊花個五到十五分鐘聊天（也就是道格拉斯・康南特〔Douglas Conant〕和梅特・諾加〔Mette Norgaard〕在其著作《接觸點》〔*Touchpoints*〕[8]談到的練習方式），有助於培養團隊

成員之間的歸屬感。所謂的接觸點其實很簡單，像是問問成員旅行好不好玩、房子改造的進度，或是孩子、寵物的近況，基本上就是關注在工作以外能讓我們感到開心的人事物。

這種簡短的一對一聊天，甚至只是傳幾條 Slack 訊息，十分有助於培養歸屬感和信任感，但領導人多半不在意這種事情。每當我向高階主管客戶提議這麼做時，他們大多會懷疑：「真的嗎？」「這聽起來不複雜呀！」

我給的回答都一樣：「聽起來很簡單，但你有在做嗎？沒有在做，那為什麼不試試看呢？看看做了會如何吧？」這也讓我想起《道德經》第 53 章裡的一句話：「大道甚夷，而人好徑。」（譯按：大道平坦舒適，可是人偏要走小路。）

改變團隊習慣很簡單，但不表示是件容易的事。而且，若不下定決心放手執行，而是想尋求複雜的解決方案，那麼就會是件更加困難的事。

偏門小徑很誘人，因為小徑讓我們有藉口解釋為何團隊沒有更好的歸屬感、更有力的溝通方式，以及更有效的開會文化。小徑也給我們一個理由，讓我們繼續隨波逐流，而不用負起責任修理那些壞掉的印表機。若改變是件複雜的事，那我們就脫身了，但如果一點都不複雜呢？

保持現狀，還是為自己與團隊成員推動更好的工作環境，全取決於我們了。

了解團隊習慣和知道團隊需要改變哪些習慣，都不困難。困難的地方是必須不斷練習，而且要內化成整個團隊的深層習慣才行。

　　改變團隊習慣不是火箭科學，而是火箭練習。

　　這也是為什麼在每一類團隊習慣的尾端，有個單元名稱是「火箭練習」，這單元會帶領你實踐該項習慣的各個步驟。火箭練習單元的目的，是希望團隊走上康莊大道，所以這樣提議：「我們何不走上大道，別擠身穿越灌木叢？」

　　要是某個團隊習慣的改變看起來太簡單了，似乎很難帶來變化，那麼可能只是因為這個習慣夠簡單，所以做得到。就試一把吧！看看到底會如何發展。

## 測驗評估團隊習慣

　　下方的評估測驗，目的是協助判斷哪一類團隊習慣可做為團隊的好起點，以利運用相關概念和模式改變習慣。請注意，本書每一章會介紹一類團隊習慣，而討論的內容可能會、也可能不會與下方測驗問題有所關聯。換句話說，請把此份測驗視為評估工具，而非本書的內容目錄。

| 歸屬感<br>團隊如何在成員之間打造歸屬感和價值 | 是 | 否 |
|---|---|---|
| 有明確的企業價值觀，可帶領團隊行動。 | | |
| 員工的價值架構在人的身上，而非員工的產值。 | | |
| 團隊成員會花時間好好認識同事，包含彼此工作時和下班後的模樣。 | | |
| 取得勝利和面對挑戰時，團隊成員都會相互支持。 | | |
| 團隊成員清楚知道自己所做的工作很重要。 | | |

| 決策<br>團隊如何做出決策 | 是 | 否 |
|---|---|---|
| 由於時常下決策，且都會早早決定，所以決策疲勞（decision fatigue，編按：人經過一連串的決策後，做的決定品質下降）降低了。 | | |
| 團隊成員知道自己可以決定哪些決策。<br>1. 成員可在不告知管理階層的情況之下，自行決策。<br>2. 成員可自行決策，但需要知會管理或領導階層。<br>3. 成員不可自行決定，必須服從管理或領導階層。 | | |
| 當某個專案延遲或撤銷，團隊成員知道要跟著取消不再有必要的專案決策。 | | |
| 團隊成員都很清楚，某個想法要轉化成專案，需要決策與行動。 | | |
| 決策完成後，團隊成員都會知悉，也明白其中原因。 | | |

| 目標設定與輕重緩急<br>團隊如何設定目標和安排優先順序 | 是 | 否 |
|---|---|---|
| 團隊清楚優先順序，每天都能辨別、處理最重要的事。 | | |
| 團隊是依據理想（拉力因素）設定目標，而非迴避（推力因素）的結果。 | | |
| 會提供每個工作階層的同仁，關於公司策略的相關資訊，以利在個人、團隊與公司的各個層面上，建立一條清晰的連接線。 | | |
| 團隊清楚自己的短期目標為何符合公司的長期願景。 | | |
| 接下新專案前，團隊會審視手上的專案，先確保沒有超過負荷。 | | |

| 規畫<br>團隊如何建立、分配、調整計畫 | 是 | 否 |
|---|---|---|
| 依據每月、每季、每年的團隊目標，成員分別規畫每日、每週、每月的工作內容。 | | |
| 制定每月、每季、每年的目標時，團隊會參照每月、每季、每年審視結果。 | | |
| 專案有明確的開始與結束日期。 | | |
| 鼓勵團隊成員根據各自精神狀態，為不同類型的工作，規畫時間區段。此外，為成員安排工作任務時，也會參照成員當下的狀態。 | | |
| 當環境或現況改變時，團隊成員知道如何應對，且清楚如何對應調整自己手上的計畫與優先順序。 | | |

| 溝通<br>團隊溝通的方式、內容和地點 | 是 | 否 |
|---|---|---|
| 團隊成員可以取得工作所需資訊，無須自行補上空缺處，也不用花時間尋覓需要的資訊。 | | |
| 領導人會溝通協調工作期限與優先順序。 | | |
| 團隊成員與領導人使用的是清楚、直接（和善）的語言，無須進行解釋。 | | |
| 組織上下都懂得尊重，讓大家可以自在地公開發言。 | | |
| 針對不同的溝通需求，團隊會使用特定的管道與工具。 | | |

| 協作<br>團隊如何共同推進目標、專案與工作任務 | 是 | 否 |
|---|---|---|
| 團隊會定期討論該如何共同合作。 | | |
| 成員不只了解自身的角色與職掌，也清楚團隊每位成員的角色與職掌。 | | |
| 組織上下皆鼓勵溝通各自的界線，並予以維繫與尊重。 | | |
| 團隊知道如何有效且公平分配專案任務，以便每位成員皆有足夠但不會累垮的工作量。 | | |
| 為能順利完成工作，必要時團隊擁有權限、也知道該如何自行成立專案小組。 | | |

| 會議<br>團隊如何準備、執行會議，以及會議後的跟進 | 是 | 否 |
|---|---|---|
| 團隊會議順利進行、富有建設性，會議有議程、主持人、適宜的「相關人等」。 | | |
| 記錄會議中的待辦事項，以及分配負責人員、指定完成日期，並於會議後發布給團隊成員。 | | |
| 團隊成員認為會議對工作有幫助，也清楚自己可以如何提供協助。 | | |
| 團隊致力於遵守議程安排，但遇到困難或是出現緊急情況時，願意保有彈性隨之調整。 | | |
| 團隊會限制會議數量，並（盡可能）預定好時間，以利成員安排每週工作，不必擔心蹦出意料外的會議。 | | |

| 核心團隊習慣<br>團隊如何提高個別成員的效率 | 是 | 否 |
|---|---|---|
| 團隊知道每位成員最有效率的工作方式，積極尋求促進這類工作方式的策略。 | | |
| 同意接下新專案前，成員會先審視手上的工作，確保不會超過負荷。 | | |
| 規畫專案時，團隊成員會刻意找出或指出其他成員可協助完成工作的方法。 | | |
| 每位成員都有自己的日常作息，有利維護各自的情緒、創造力與專業度。 | | |
| 團隊成員會把自己的工作劃分成可勝任的分量，以利自己與團隊的工作皆能持續往前推進。 | | |

## 第二章　重點

CHAPTER 2 TAKEAWAYS

- 團隊習慣就是團隊或組織的呼吸方式；不論有沒有特別注意到，團隊其實隨時都在呼吸。
- 改變團隊習慣，首先移動石頭，而不是移山，這麼做有助建立動能、讓團隊成員買帳、累積即早成功的機會。
- 八大類團隊習慣：歸屬感、決策、目標設定與輕重緩急、規畫、溝通、協作、會議、核心團隊習慣。
- 比較重要的是，選好一項習慣，然後著手改變，而非糾結哪個習慣才是最正確的起點。
- 改變團隊習慣，不是火箭科學，而是火箭練習。本書的「火箭練習」單元，可為團隊提供技巧與建議。
- 團隊習慣的評估測驗，可幫助團隊釐清從哪一類習慣開始改變。

# 歸屬感，
# 把一群人變成一支團隊

我以前就夢想著歸屬感文化，至今抱持同一個夢想。
要是我們知道如何培養覺知意識、如何用心過上和平
的日子，那會是什麼樣的生活。若我們有了歸屬感的
習慣，我們會更親近，有助建立有愛的社群。
——貝爾·胡克斯（Bell Hooks）

　　十幾歲時，每年夏天我都會在童子軍的夏令營工作。夏令營
有項傳統：週五西瓜接力賽。每個小隊派出幾位游泳健將，來到
河邊完成很簡單的任務：由四個人完成五十公尺的接力游泳，每
位男孩依序把西瓜傳下去。

　　接力過程有兩個難關：一是我們在西瓜皮上抹了一層 Crisco
起酥油，二是男孩得全程抱住西瓜。抱著一顆大西瓜游泳已經夠
難了，居然還抹上起酥油，想辦法把西瓜遞給下一個人，那場面

真是混亂又滑稽。

其實，Crisco 西瓜接力賽很適合做為合作專案的比喻。表面看來一點都不難，完成自己負責的部分，然後交給下一位就可以了。只不過，專案後來變得亂七八糟，因為有些地方漏掉了。每交給下一位成員後，專案就變得愈來愈滑。

有些團隊比較善於處理 Crisco 西瓜，之所以做得比較好，不是因為有較好的開會方式、溝通工具或是決策框架。而是因為歸屬感，也就是共有的意義、安全感與群體成員的身分。

專案變成 Crisco 西瓜時，歸屬感較低的群體往往會相互推卸責任，接著投入更多人手處理專案。然而，高歸屬感團隊則是會停下腳步，先搞清楚為什麼西瓜一直掉下來。原因可能是成員過度投入，所以全感到疲憊不堪，或是工作外的生活被帶入團隊，亦或是因各種會議和科技產品搞到無法專心。因為有歸屬感，團隊會把上述可能性視為理所當然，而放下抱怨、侮辱，好好了解怎樣做最能相互扶持，一起往前邁進。

歸屬感可把一群人轉變成一支團隊。

群體（group）是個體集合在一起；你和我可以是群體成員，但沒有強烈的歸屬感。即便表面上，群體的每個人都朝著同一個目標在努力，但成員可能對於如何達成目標沒有共識。簡單來說，群體沒有強烈的指向性關係（directional relationship），因而無法有效率地合作。

團隊（team）是有高度共識的群體，也就是成員有歸屬感、擁有共同目標。團隊關係具有指向性，即成員除了擁有這份關係，同時被帶領走向某個地方。共同的目的注入歸屬感後，團隊才能成功達成目標。

換句話說，當團隊航行時，而群體只是胡亂擺槳，其中關鍵因素就是歸屬感。

## 歸屬感的力量

我們都曾經不小心撞到人，也發生過人際關係衝突。同樣清楚，與不熟的人發生摩擦，以及與熟識的人發生摩擦，兩者之間是有差異的。

假設鄰居家的灑水器噴出來的水一直超過柵欄，噴到你停在自家車道上的車子。如果鄰居搬來的這一年裡，彼此只有簡單打過幾次招呼，你可能會猜想鄰居是在報復，因為你上星期才擋到他們停車。可是，如果你和鄰居的關係既健康又牢固，此時你比較可能認為鄰居沒有留意，只要開口請他們調整一下灑水器就可以了。

你們共有的關係，便是解決人際關係衝突的重要前提。沒有這項前提，引發摩擦的事物就成了整段關係的替代品，反之你會說：「這件事沒有作用，並不表示你很糟糕，也不表示我不想繼續跟你保有這份關係。」在這段對話裡，你會認為沒有作用的事

物，只是你們整體關係中的一小部分。

**歸屬感**可在團隊中創造共享的前提（黏著劑），有利成員相互寬容、對彼此有耐心，並在成員有需求時，提供支援與解決之道。此外，無論生活周遭發生什麼大事，歸屬感也可讓成員較有意願工作，因為大家知道可以完全地做自己，不顧一切全力以赴。

歸屬感會創造一個杯子，不管團隊做什麼，從溝通、協作到團隊如何設定目標和召開會議，所有的團隊精力都會流進杯子裡，並塑造杯子的形狀與結構。高效團隊成員會這樣說：「我屬於這裡，無論接下來發生什麼事，我與我的團隊都有共享的價值與意義。這就是我們，這就是我們在做的事。」

像是軍事特種部隊、消防隊和體育隊等高效團隊裡，都可以觀察到上述現象。最為成功的團隊，其文化中都有高度歸屬感。這不是做給別人看，而是能讓成員一起站出來面對必須完成的事，一次又一次地實踐。

多年與團隊合作的經驗，教會我如何快速觀察某個團隊是否具有高度歸屬感。低歸屬感團隊有許多面向的功能都是失調的，而高歸屬感團隊總是能脫穎而出：更有可能實現目標，團結又合群，並能接納艱困的談話內容。

## 高歸屬感團隊可實現目標

準備度（readiness）是指團隊面對眼前任務所具備的現有能力（後續於目標設定章節裡，會討論更多有關準備度的部分）。

因為擁有較大的歸屬感與信任感，所以高歸屬感團隊的準備度往往比較高，更樂意參與目標設定的過程。歸屬感給予團隊空間，讓成員願意敞開心胸、說出心底話，因此歸屬感有助於目標設定。再者，團隊成員都知道，就算點出團隊的準備度問題，仍然會是團隊裡的重要分子，並不會落入有毒正能量（toxic positivity）。因為有毒正能量的環境裡，大家的選擇除了閉嘴保持安靜，要不就是保持樂觀正向。

擁有歸屬感，團隊成員就敢於表達：「我覺得我還沒準備好，我不認為我們團隊已經做好準備了。」歸屬感是說真話和坦率評估的基礎，可帶來最好的績效表現。

## 高歸屬感團隊能團結一致

我們都想把寶貴的時光，用在讓自己獲得滿足的地方，以及待在讓自己有強烈歸屬感的團隊裡。愈有能力和表現好的人，愈會選擇自己歸屬的地方，展現最好的一面。這也說明了，為何歸屬感在留住人才這方面，扮演如此重大的角色。

公司留不住人才，原因不在薪資，而是歸屬感。人才清楚自己的價值，明白到哪裡工作都會有好表現。所以他們何不選擇認

可、看重自己的地方工作呢？

　　當然，留住人才（或是留不住人才）會產生深遠的影響，這是高效團隊非常重要的指標。如果某個團隊不斷有成員離開，那麼團隊就得重新經歷塔克曼模型（Tuckman），重複形成、動盪、規範的過程，造成團隊表現鮮少進入輕鬆、有節奏、準備好的狀態。

## ｜框架｜塔克曼團隊發展模式

　　1965 年，布魯斯·塔克曼（Bruce Tuckman）制定出塔克曼團隊發展模型（Tuckman Team Development Model），一種廣泛應用的框架，把團隊的形成歷程分為四個階段：形成期（forming）、動盪期（storming）、規範期（norming）、執行期（performing）。團隊一般會按照這個順序經歷各個階段，到了規範期，團隊已建立明確的期望，曉得如何相互協力合作。

　　塔克曼團隊發展模型之所以引人注目，主要有兩個因素：一是容易記住，二是讓我們記得動盪過後才會進入規範期。此處的癥結點不在於避不開的動盪期，而是動盪的強度。許多團隊和新手領導人會把動盪期視為要避免發生的事，試圖繞過或是阻止動盪發生，但下場就是無法進入執行漂亮成果前的規範期。

　　還有一點大家很容易忘記，添加或失去團隊成員等於是建立

一支新團隊，因為團隊裡的互動已經不同，得重新走過動盪期和規範期，這也說明了為何只靠增添新成員並無法加快工作進程。

　　塔克曼模型失去青睞，因為沒有提供足夠的指引帶領團隊走過這些階段而被批評，大家改採用 Drexler-Sibbet 模型框架。這說法沒有不公平之處，但 Drexler-Sibbet 模型雖然較為全面，卻很難記住、也不好解釋和應用於日常工作場合。若想了解如何在團隊習慣裡交叉應用 Drexler-Sibbet 模型，請參見：teamhabitsbook.com/resources。

## 高歸屬感團隊可展開艱困的談話內容

　　高歸屬感的團隊溝通可以更清楚，因為成員之間早已建立融洽的關係，詢問稍微難開口的問題也不會不自在。對某件事情覺得困惑，因為有強烈的歸屬感，就能安心地要求對方澄清。提出自己的需求和問題時，高歸屬感團隊不會感到不自在，反而會直截了當。

　　當你我有共同的前提背景，你可以告訴我，我哪裡犯了錯，又或是哪裡行不通，我不會擔心因此丟了工作。因為眼前這個問題，只是我們整體關係中的一小部分，而非全部。

　　假若你們團隊是認真想要改變團隊習慣，勢必會遇到很多艱困的談話內容。整個團隊都需要針對大家的工作方式提出疑問，

但不會感到被攻擊，也不會想要捍衛自己。

**團隊的日常習慣會建立或是破壞歸屬感**。團隊可以選擇刻意改變團隊習慣提升歸屬感，也可以什麼都不做，讓歸屬感持續處於低弱狀態。

讓我們就策略的角度來看，團隊該如何藉由歸屬感建立更好的習慣，而這一切都要從實踐價值開始。

## 不要只把「價值觀」掛在牆上

許多組織都會在牆上、官網或手冊裡提出願景聲明，可是仔細觀察各個團隊習慣時，卻發現大家並沒有落實願景講述的價值觀，聽起來很棒的短語完全沒有融入到公司文化。

要把價值觀融入團隊文化，需要經歷刻意且持續的努力，將價值觀轉化為習慣。

美國軍方的價值觀可組成縮寫字 LDRSHIP，分別代表忠貞（loyalty）、責任（duty）、尊重（respect）、無私奉獻（selfless service）、榮譽（honor）、正直（integrity）、個人勇氣（personal courage）。這些價值觀不只傳達給軍人，同時轉化成期待軍人可以付諸實行的習慣與作為。所以評估表現時，會依據個人在這些價值觀上的表現給分。

在我的公司 Productive Flourishing ，做了同樣的事。以前，我們曾經發送一份「團隊的核心價值、習慣與工作指南」資料給團

隊成員，文件中條列出我們的價值觀。不過，後來我們認為把這些想法轉化為習慣才能變強大。因此，現在不再條列像是「可靠」、「採取行動」之類的價值觀，而是列出各種習慣如「衝刺、行動、溝通」，以及「拿出你的工作成果」（核心團隊習慣的章節裡會再討論）等。

　　這麼做可確保價值觀不只是公司網站上的標語，而是我們每天都在實踐的習慣。

## ｜火箭練習｜ 實踐價值觀

- 針對團隊或組織的每一項價值觀，大家集思廣益，想想這些價值觀希望鼓舞什麼樣的行為。別只是條列呈現價值觀，而是想想如何養成讓團隊把價值觀付諸實行的習慣？

- 如何把價值觀融入績效評估與工作中？舉例來說，可否把成員的特定行為連結價值觀，並於跟進工作時公開闡明這層關係？

- 下次團隊開會時，新增議程討論：針對特定習慣和作為，可讓團隊體現團隊或組織價值。建議：可先聚焦於好好實踐價值觀代表的意思是什麼，而非哪些習慣和行為與價值觀不吻合。如此一來，就能專注於良好實踐的要點上，而非淪為批評抱怨。

## 弱連結的強大力量

包括領導人、主管和個人貢獻者，大家全都有工作以外的生活，有著全方位的自我。除了擁有與工作相關的個性，也需要認識、培養工作以外的自我。然而，許多組織卻暗自（或是公然）阻止員工把完整的自我帶進工作處。

在只能展現部分自我的團隊裡，幾乎不可能感受到強烈的歸屬感。

把彼此視為完整個體為何是件重要的事呢？因為，沒有人只是單純為了工作，而出現在辦公室裡。我們是為了自己的家人、寵物或是追求的熱忱，又或是因為喜歡週末跳傘、想支持另一半創業、照顧年邁的父母，所以來到辦公室。是的，我們希望熱愛自己的工作，但我們的動力來自於有四條腿或兩條腿的生物，這些生物會出現在我們視訊的畫面中，也會出現在相框照片裡，放在辦公桌上增添光彩。此外，興趣與熱忱更是我們的動力。

每日上班的團隊成員，本就富有這些特性，但可能感覺工作時談論這些事情很不自在。一旦團隊習慣是鼓勵大家把完整的自我帶來上班，給個人創造茁壯成長的空間，同時讓團隊成員間有更深層的連結。

**歸屬感是藉由彼此之間的連結所建立，其中包含強連結和弱連結。** 強連結（strong ties），可能是那些對你來說非常重要的事。舉例來說，相似的身分就是非常強大的連結，像是同一間學

校畢業、來自同一州、同為 LGBTQ+（編按：代表性別和性取向多元性的縮寫），又或是擁有相同的背景。

弱連結（weak ties）則屬於次要連結。或許是你的名字和我母親一樣，或我們都有養狗，亦或是我們都很喜歡某牌的咖啡、某部邪典電影（cult classic，譯按：有著特殊魅幻影像的次文化電影）。這會是讓我們關係緊密的原因嗎？可能不會。不過，倒是讓我們在茶水間有話題可聊。如果團隊要玩交換禮物，我們對彼此有足夠的認識，就知道該準備什麼禮物。

對彼此了解愈多，就能收集到愈多弱連結。而挖掘這些弱連結，如最喜歡的書、歌曲、想去的地方，甚至是在 Slack 的 #random 頻道隨意發表的想法等，全都會增強協作與溝通。如果你發現有位同事跟你一樣喜歡雙關語，你們可能會開始在電子郵件裡寫雙關語，進而成為彼此的日常趣事。

至於強連結（如某個男性為主的辦公室裡僅有的兩位女性），表面上可能會讓你們建立關係，但要再加上數個弱連結，才能創造強大的歸屬感鎖鏈。這麼一來，除了提供多個連接點之外，同時說明你們花了時間發掘這些連結，有利於在一、兩個顯而易見的強連結上，加深彼此關係。

該如何建立這些弱連結呢？第一步就是打造工作環境，除了工作，鼓勵大家分享還有哪些事情對自己來說很重要。

## 比喝杯咖啡更重要的事

曾在星巴克擔任總裁的霍華德・畢哈（Howard Behar），在《星巴克：比咖啡更重要的事》[9]（*It's Not about the Coffee*）一書中寫出：無關咖啡。不過，這裡講的絕對與咖啡有關。下午當我想喝杯咖啡休息一下時，其實沒必要問團隊成員是否希望我順便幫忙帶。若我跟成員沒有強烈的歸屬感，可能不會詢問；但如果我感覺到強大的連結，也許情況就不同。

不過，建立歸屬感不只是幫忙買杯咖啡而已，問的方式也很重要。假使你已經告訴我十幾次你不喝咖啡因飲料，我又提議要幫你買咖啡，你會開始覺得我沒有在聽你講話（很正常）。但是如果我問：「嗨，要我幫你帶杯你平時愛喝的飲料嗎？洋甘菊茶加蜂蜜，對吧？」這就說明了我有留心、注意，記得看似瑣碎的小細節。

以團隊層面來說，決策時考量到成員喜好，等於是明確地認可與接受。如果知道有團隊成員不喜歡披薩上有蘑菇，也曉得另一位成員對茄科蔬果過敏，打電話訂披薩時都有考慮到這幾點，就會讓成員感受到歸屬感。

當然，大可不必直接點名：「這次開會我們要吃披薩，但因為小花討厭蘑菇，所以不會點有蘑菇的。」反之，可以這樣說：「我們要來吃披薩了，因為有些人對食物過敏或是有不喜歡的食材，我們會訂許多種類。要是沒看到某些你喜歡的口味，那是因

為我們努力滿足不同需求。」

　　表面上，聽起來可能是件簡單的事，卻是向團隊成員展現，這是全面考量大家的情況後才做的決定。

## 鼓勵大家打造屬於自己的環境

　　對許多人來說 COVID-19 很可怕，但也帶來一些好處，其中就是多數組織已朝遠端工作和虛擬辦公室的方向大幅邁進。多數人突然不用在了無新意的實體會議室裡開會，改成在自己的臥室、廚房、空房間裡視訊開會。

　　對大多數人而言，都是頭一回看到彼此的居家環境。不時會有孩子或寵物闖入畫面，而背景裡有各自的愛好及重要事物，有植物、《星際大戰》（Star Wars）海報、吉他、食譜書、傳家之寶、旅遊照、別具意義的畫作等。

　　一窺同事的家（再加上我們都感到筋疲力盡、負荷過重，思潮阻礙普遍降低），幫助我們以多數人之前未曾有過的方式看待彼此，看見完整的對方。

　　如果是遠端工作，可以鼓勵大家展示能顯現自我的住家，沒必要明示或暗示，要求大家在無趣的背景前架設攝影機，或者套用背景濾鏡。

　　在辦公室的話，可鼓勵大家布置自己的辦公桌，以及修改服裝穿著政策，達到同樣目的。顯然，有些準則是必要的，但還是

可以給大家很大的空間，讓成員透過打扮穿著和辦公桌擺設，展現真正的自己。

## 閒聊不是分心，而是主秀

不論是在茶水間聊週末發生的事，還是在團隊 Slack 的 #random 頻道裡張貼有趣的水獺梗圖，許多組織都認為閒聊只會轉移團隊成員的注意力，造成該做的工作沒有完成。

但是，高歸屬感團隊不只會閒聊，還會主動挪出時間和空間來閒聊。

開會時，可以安排閒話家常的時間。方法是在會議開始前，請大家講個跟工作無關的成就。每週例會開始之前，問個簡單的問題有兩個目的。

第一，讓團隊成員有機會，以正向積極的方式，分享一點工作以外的自己。這是人與人之間社交和連結的方式，幫助我們給予彼此更多的耐心與寬容，而不是只把彼此看成工作上扮演的角色而已。

第二，解決問題有時讓人感到棘手、沮喪，因此深入處理問題前，先閒聊近期的成就，為成員帶來正向提醒，讓大家預備好心情來開會，替整個團隊提供動力，來解決本週所有問題和內隱偏見。

未必每次開會都要這麼問，但每週例會開始時問一下這個簡

單問題，是良好的團隊習慣。如此一來，大家可以談談各方面的自己，以及工作外在意的事情。

我的某位客戶在培養這項團隊習慣時，赫然發現團隊裡有兩位業餘的科幻文學寫作者。他們在一起工作將近十年時間，但不知道彼此都很熱愛寫作，原因就是從來沒有提過這個話題。現在，因為簡單提問的時間，兩位同事突然有了新的連結，促使兩人產生更有力的協作。

會議快結束時，可請團隊成員各自講述在這場會議裡發現的精采亮點，內容可以跟工作無關。根據我與團隊一起練習這項習慣的經驗，會議的亮點通常都跟工作沒有關係。

它可能是某個人講的笑話或不經意提出的想法，也可能是看到同事私底下的某個面向，或者開會期間，某位成員對遇到難題的成員展現了他的支持。

開始了解大家注意到的亮點後，你會發現亮點很少跟工作有關，有很多其實是關於彼此的關係。就個人經驗來說，比起花時間更新專案現況，更值得的是花個五到十分鐘建立歸屬感。畢竟在開會前，每個人可以自行閱讀專案進度就好。

## 工作上相互讚美

一旦行動，要走的路還很長，大家確實需要聽到自己如何歸屬、融入團隊裡。讚揚團隊達成的成就，可確保說出讚美的話，

提供足夠的燃料，驅動團隊走完艱辛的一週，或是幫助大家完成艱難的談話內容。

協助團隊建立定期讚美的習慣，可以在月會上提出兩個問題：

1. 想要讚揚哪一項花費約一個月時間完成的成就？
2. 看到成員做了哪件事情，讓你想要大聲歡呼？

第一個問題幫助大家練習認可自己的工作，並因為這項工作被注意到。第二個問題可協助團隊練習，不只是看到同事做得很棒，也會主動談起這件事情，目的是刻意營造重視每個人貢獻的團隊文化。

不是所有人每次開會都會被稱讚，但若問了這兩個問題，會議結束時，多數人會覺得不論自己扮演什麼樣的角色，團隊都會看重自己。會議結束時，成員會因為共同突破難關、完成任務，開心地離開會議室，同時受到激勵要為下一個任務而努力。

在 Productive Flourishing 團隊，則採用另一種較為隨意的方式相互讚美工作成就：運用搖滾明星的表情符號。每位團隊成員各自選出屬於自己的表情符號，當有成員想要高呼某人做得很棒時，就會在聊天室發送表情符號。

- 如何傳達帶著全方位的自我來上班，是團隊可接受且被鼓勵的作為？有什麼方式可以鼓勵成員，在視訊背景、服裝穿著、桌面擺設等方面，展現自己的個性？
- 團隊如何發掘並接納不同的喜好與限制？譬如安排會議時，是否有把宗教節日或其他外部行程納入考量？團隊訂購餐點、或選擇午餐聚會地點時，是否考量到所有團隊成員？針對某一類談話，團隊是否只想要開語音就好的網路會議。
- 如何在會議裡，讓成員有時間分享自己的成就與亮點？這部分可排入週會或月會的例行活動。
- 做為團隊，該如何讚美工作和私生活上達成的成就？如何培養認可、欣賞表現出色隊友的習慣？

## 刻意包容、刻意排除

　　大部分的團隊，每個成員往往偏好以不同的方式工作。舉例來說，有的團隊成員可能比較喜歡一起動腦發想，但有的成員在獨自思考或是一對一談話時，才能好好整理自己的思緒。

　　當團隊有此現象時，通常會發生兩種狀況。要不就是討厭社交的團隊成員被要求出席動腦會議，屆時該成員便得面對不自在

的尷尬場面；要不就是偏好動腦會議的成員——不論好意還是惡意——開始不邀請這位成員出席會議。

這兩種作法，都給內向或是謹慎思考的成員傳遞了同樣的訊息：感覺自己不屬於這個團隊。很遺憾的是，只要有成員不喜歡跟大家一起動腦，許多組織文化都會自然而然地認為是這個人有問題，畢竟公司文化就是需要參加這些會議。

然而，高歸屬感團隊會給所有團隊成員空間，讓大家按照自己喜歡的方式付出貢獻，各自做擅長的事。在某些案例裡，這種做法看起來像是在刻意排除。刻意排除的概念，來自於普里亞‧帕克（Priya Parker）著作《這樣聚會，最成功！》（*The Art of Gathering*）[10]。

可以試著這樣表達：「我知道你不太喜歡這種會議，我們還是會召開會議，也歡迎你加入。不過，現在設定的議程並沒有要你出席，你的意見與想法可以透過其他方式納入。如果你願意，歡迎你來參加會議，但那段時間你若有其他想做的事情，也沒有關係。」

如此一來，成員就不會感覺被排除在外，而是深刻感覺到自己被注意、被理解、被重視。

這麼做也有助提高團隊績效，因為每位成員保有空間、可用最適合自己的方式付出，團隊就能取得最棒的貢獻成果。最終，選擇出席動腦會議的成員就會全力以赴，而非不滿自己被迫參加

討厭的活動。

　　有關包容的部分，另有以下幾個方法可以建立良好的團隊習慣。

## 給謹慎型思考的成員一些空間

　　團隊裡有些成員擅長快速思考，可迅速提供意見和決策，但有些成員整理思緒比較謹慎，偏好花時間慢慢思考，再提出較深入、全面的答案，無法不假思索地表達想法。

　　給謹慎型思考的成員一些空間，放慢對話速度，或是提供事後回饋的管道。這類型的成員，或許比較喜歡用文字表達自己的想法，或是雖然樂意當面說出想法，但需要被詢問才願意開口。另外，若成員無法立即切入熱烈的對話討論，就給予傾聽的空間。可邀請平時比較安靜及平時沒有提供太多想法的成員，出席特別規畫安排的會議。

## 設置更有包容感的會議標題

　　有關會議內容的敘述，可能不經意傳遞出歡迎誰來參加的訊息。舉例來說，長久以來，組織裡只有部分高層人士才能談論策略議題，因此若會議標題設為「行銷策略會議」，可能暗指這場會議不屬於基層人員，又或是基層員工無法提出什麼貢獻。其實，把會議標題改為「行銷策畫會議」是件容易的事，這樣的標題說明了每位出席者都有可貢獻的地方。然而，更好的做法是捨

棄「行銷」這個詞彙，改採更具體的用詞，別假設需要受過特定培訓的人員，才能成為有貢獻的參與者。

檢視會議標題是否清晰明瞭，是否用了專業術語，導致部分人員感覺被排除在外，只有某些人感覺與自己有關。會議標題的設定，會說明誰有貢獻、誰屬於這場會議、誰只是列席而已。

## 使用描述性會議議程

大家普遍認為領導者都是外向且與眾不同，在節奏快速、自由不拘的會議中，他們能有非常棒的表現。當此類領導者安排會議「只是要討論一下」時，他們感覺不到什麼問題。不過，組織成員有些人是內向、謹慎思考型，或是有時內向、有時外放型，他們根本無法在毫無準備的情況下出席，更無法在對會議討論內容一無所知的情況下來開會。

良好的會議議程，可大大有助打造歸屬感。建立起習慣，事先提出會議主題、待討論事項、會議目的、關鍵成果。這麼一來，所有團隊成員出席時會很有參與感，而不是會議開場就花上一大段時間釐清，說明發生了什麼事、該如何提供意見等。

---

## ｜火箭練習｜挪出空間給不同的工作偏好

- 如何為團隊成員挪出空間，好讓他們依照自己覺得最舒服的方

式做出貢獻？請記得，包容有時意味著成員可選擇不出席會議，這時他們該如何享有參與度？舉例來說，是否讓他們以書面方式提供想法，取代出席動腦會議呢？

- 開會時，是否已詢問較為內向或謹慎思考型成員的意見？會議標題與議程，是否提供團隊成員足夠的資訊，說明出席與全心投入的必要性？

## 接受碰撞不是針對個人

若曾經在餐飲業工作，就會知道碰撞到同事可是家常便飯。端著托盤擠身經過其他人，或是伸手拿飲料瓶時，手肘撞到同事。工作空間狹窄，大家的步伐又都很快，如果不小心踩到同事的腳，隨即道歉後各自繼續忙碌。職場上，碰撞可視為工作的一部分。

在非勞力的工作上，我們也會碰撞到同事，只不過不是肢體上的，尤其遠端工作時，更不會如此。辦公室裡發生的碰撞，可能是寄出電子郵件時，忘記附上要點說明；或是回覆 Slack 對話串，忘記回覆給雪莉；又可能雪莉把檔案儲存在不對的資料夾裡。

多數情況裡，這些只是單純的碰撞，不該被認為是針對個人。若是蓄意的微冒犯（microaggression），情況就不同了，必須

好好聊一下才行。不過很多時候，碰撞只是工作的一部分。

開口談碰撞很有幫助，這讓團隊有了提出此類狀況的語言，使用這種語言表達時可讓成員不起戒心。當同事忘了附加檔案，不要直接認為對方是蓄意的，而是先假設遇到了碰撞，開口請同事提供檔案。這時你可以這麼說：「嗨，我知道你不是故意忘掉附件檔案，這只是我們常遇到的碰撞。我們要怎麼做，好讓事情運作更順暢呢？」

二十歲出頭時，我被派往海外學到了一課。當時，我和某位班長有過一段緊張的關係。某天，我收到報告指出他正在做一些他不應該做的事。

由於曾有過摩擦，所以我第一反應覺得這位班長是故意背著我做這件事。於是，我決定開車去找他對質，但在這麼做之前，我讓自己先深吸一口氣。

我沒有問他到底在搞什麼鬼，而是冷靜地問他在做什麼。班長提出他的解釋，結果證明根本不是蓄意的惡劣行為。我當時在執行一個幽靈計畫（ghost plan）——此類型的計畫稍後會在規畫的章節裡再討論——而這項計畫並未傳達給他，所以他是依據前一版的計畫，執行應該要做的事。

商界、軍界、日常生活裡，大家的步伐很快，十分容易忘記一些小細節，像我當時就忘了，計畫更新時班長並不在場。

我和班長最後也沒發展出很好的關係，但我一直很慶幸當時

自己有深吸一口氣，以看待遇到碰撞的態度來處理問題（確實只是個碰撞），而不是直接認定他是故意的挑釁行為。當我們以寬容的態度對待團隊成員和自己，並往好處想的時候，就會讓我們在不起戒心、不會感覺被攻擊的情況下，好好解決問題，同時提供更好的溝通方式，讓協作順利進行。

## ｜火箭練習｜管理碰撞

- 團隊通常在哪個部分發生碰撞？是什麼原因導致碰撞發生？可以做些什麼來解決？加入哪些團隊習慣或是刪除哪些習慣，可預防碰撞發生？要是碰撞無可避免，該如何更好地溝通協調呢？

## CHAPTER 3 TAKEAWAYS

- 歸屬感是把一群人轉變為高效團隊的關鍵因素。
- 把價值觀從牆上取下來，落實價值觀並轉化為具體的團隊習慣。
- 運用弱連結的力量，藉由提供每位團隊成員空間，讓大家可以帶著全方位的自我來上班。
- 專案和會議要刻意包容（或是刻意排除）團隊成員。
- 工作發生碰撞，成員要彼此寬容對待，而不是自動跳入消極負面的假設。

# 決策,不只理性還有情緒

比起可怕的優柔寡斷,錯誤決定的風險還好一些。
——邁蒙尼德(Maimonides)

　　午餐要選鷹嘴豆泥還是漢堡和薯條,這決定不會對團隊造成任何影響。不過,用完餐回到辦公室後,決定開發哪一項新產品的功能,以及放棄哪個產品功能,這時候的決策對於其他成員手上的工作,就會有巨大的潛在影響。

　　工作上的決策本來就與群體有關,自己的選擇會影響團隊或組織他人,反之亦然。不同於選擇午餐的難題,針對共同合作的專案,你選擇的道路會立即為成員帶來新的限制、機會與取捨。

　　當團隊有健康的習慣時,決策就會發揮原本的作用:工作繼續向前推進,同時減少沿途發生掉球、傳遞時失手(我稱為Crisco 西瓜)的次數。不過,要是團隊習慣不好,就算是最微小

的選擇，也有可能釀成困境。

原因在於，**決策不僅僅與群體有關，還有情緒**。無論是為了健康午餐苦惱，還是團隊在煩惱該選擇哪一個新方向，大家的恐懼、不確定性、樂觀想法等各種情緒都會跟著觸發。

這個關鍵實情被忽視，說明了為何這麼多組織決策時都會陷入困境。只考量理性面（「只要我提供正確資訊，接著每個人都會跟進」），卻完全忽略了情感與群體層面的因素。團隊成員因為卡關、感到害怕，或是憂心隱形因素，所以出現抗拒，但組織完全摸不著頭緒，也感到十分意外。

在深入討論團隊決策習慣的同時，我想要提醒你，如同前一章的歸屬感，團隊決策的方式也會影響其他團隊習慣。改善團隊的決策習慣時，也會為其他團隊習慣帶來正向影響，從協作、溝通到會議、規畫與目標設定皆是如此。

不過，讓我們往後一步，先了解團隊如何做決策。

## 團隊如何下決策？

每當有年輕人問我人生建議時，我的回答都是：二十多歲的你，不用決定人生要做什麼，而是學習如何做決定，這樣一來，三十多歲的你就能自信地做出決定。如果你能找到做決定的方法，讓決定符合個人現況、同時符合自己以後想成為的模樣，那麼接下來的幾十年你會過得很好。

然而，這答案往往讓年輕人很不滿意，因為多數年輕人——總括來說——都想快速跳過學習做決定的過程，立刻搞清楚、確認自己的未來。而大多數的團隊和組織亦然，希望可以匆匆跳過學習做決定過程。

當團隊沒有花時間學習如何下決策時，通常展現以下三個面向：

1. 認為好的決策完全不費力氣，會自然而然地出現，但因為沒有人展開行動，造成混亂不清與停滯不前的情況。
2. 倒向光譜的另一側極端，採取僵化的決策準則與框架，浪費寶貴的時間在記錄決策的內容，而不是花在實際工作上。
3. 高階主管或主管獨攬決策過程，當他們開啟「請勿打擾」手機模式，專注在決策工作上的同時，團隊工作只好停擺。

當團隊花時間想要建立良好的決策習慣時，成員會看到這習慣擴大影響到自己在做的每件事情上。

# | 框架 | 銳西法則

許多組織和團隊會採用理論框架協助成員決策，其中常見的框架是銳西法則（RACI），指負責（responsible）、當責（accountable）、諮詢（consulted）、告知（informed）四種角色。

理論上來說，RACI 很棒沒錯，涵蓋下決策和傳達給正確對象的全部基礎。不過，實務上而言，這項法則可能會讓決策過程陷入可怕的停滯期。的確，我們需要知道誰會對決策執行擔任負責和當責的角色；而且，我們需要諮詢、通知適切的對象。但是，如果我們把決策局限在圖表中的內容，沒有看到當下發生的現況時，就會發現自己被限制束縛住了。

工具定律（Law of the Instrument）：當你手上拿著鎚子時，每樣東西看起來都像是釘子。受制於 RACI 時，即便是非常微小的決定，往往會被法則過度檢視。把 RACI 釘在每個決策上的話，就會偏離實際工作。

當我看到組織或團隊倚賴銳西法則進行決策時，我會深入探究，了解團隊真正想完成的任務是什麼，試圖剖析該團隊是想提升確定性（certainty）？還是增進明確度（clarity）？

若只是想要增進明確度，只需要坐下來，很快就可以弄清楚誰需要被告知，以及誰應該負起責任。高歸屬感團隊可以輕鬆地

開啟這類型的對話，而且可以在沒有正式的 RACI 框架下，隨時提出討論。

不過，RACI 模型之所以存在，很多原因是因為想要提升確定性，希望至少能降低不確定性。

我能理解這股強烈的渴望。不確定性的確會讓人感到不自在，但是現今職場變化多端，本來就充滿了不確定性與模稜兩可。昨天才談好的優先順序，明天可能就得改了，因為可能出現新的資訊或是收到新的命令。此時，這股緊張的關係就存在昨天認為是重要的（這天建立了 RACI），以及現在（決策的當下）逐步浮出檯面的重要資訊之間。

RACI 框架無法幫你管理這份緊張關係，但是可以培養團隊臨場的明確度感知，以便在當下做出更好的決策。

## 移除決策瓶頸

「為何我的團隊不擅長主動？」

我時常聽到受訓的高階主管客戶說這句話，我每次的答案幾乎一樣。這些客戶通常都是很優秀的決策者，不是白手起家，就是本身能夠快速決策，所以才能在組織裡爬到今天的位置。快速決策是了不起的技能，但可能帶來料想不到的結果。

**這些高階主管讓自己成為唯一決策者的角色，因此高階主管**

和經理人成了組織或團隊裡的單點故障（the single point of failure，編按：系統上的某個物理節點故障，導致整個系統無法運作）。只要高階主管參加別的會議、度假，或只是想花幾個小時專心處理自己手上的事情時，辦公室就會陷入停擺。在這種情況下，團隊就被迫要從三個討厭的選項中做選擇：

1. 打擾老闆，中斷老闆手上正在忙的事情。
2. 為了繼續工作，自己做了部分決定，然後衷心期望不會搞砸。
3. 什麼事都不做，等著老闆回來給答案後，再繼續工作。

團隊會傾向選擇一和三，因為組織文化和歷史顯示，這是最安全的選擇。就算打斷老闆是件很糟的事，但總比等老闆回辦公室才繼續工作要好一些。況且，這兩個選擇都不像選擇二那樣具有風險性，要是團隊擲骰子、做出錯誤決定，大家可能會因而深陷困境。

因此，團隊寧願冒著去煩老闆、或什麼都沒做而惹惱老闆的風險，也不願採取主動，讓自己可能丟了飯碗。

更何況，當高階主管是唯一的決策者時，除了給專案的前進動力帶來不利因素，也會給高階主管帶來龐大的心理與情緒壓力。高階主管一刻也不能離開協作過程，想要專注一下，卻又擔

心漏接訊息，造成團隊損失數小時的生產力。此外，溝通方面也無法建立起良好的界線，他必須隨時有空進行溝通才行。

高階主管沒有時間讓自己充電，因為工作日時團隊太需要自己，所以無法完成很多重要的工作。為了大家好，領導人需要與團隊合作，分配決策的權力、功能與過程。

**決策金字塔的三個等級**

要如何開始呢？首先，認識以下三種主要的團隊決策類型：

1. **可在管理階層不知情的情況下做出的決策。**此類是團隊和個人貢獻者每天為了能完成工作而做的例行決策，例如儲物櫃裡的影印紙用完了，總務是否要重新訂購呢？當然要，但沒有必要請示總經理一起決定這件事。

2. **無須建議即可做出的決策，但需要告知管理階層。**有些決

策可由個人貢獻者自行決定，不過管理階層需要知道決策結果。有一項很好的經驗法則：如果對財務、法務或公關會帶來顯著的正面或負面影響者，就應該知會領導階層。

3. **必須遵從管理階層的決策。** 除了領導人，沒有人可以決定此類決策，等級三（金字塔頂端）的決策通常會影響公司的策略與方向。

當團隊有了健康的決策習慣，等級三的決策應該只會占用領導階層 5～10％的時間。不幸的是，等級三裡有太多不屬於等級三的決策。所以，接下來要探討的團隊習慣目標，就是降低這項比率，以及扮演的角色可決定帶來的影響規模。

## 領導人和主管

若你是領導人或主管，對於團隊的主動性不足感到氣餒，可先審視一下自己會如何處理以下三種等級的決策。一方面，你並不想過於嚴格管控決策過程，以致團隊連訂購影印紙都要找你；另一方面，你也不希望團隊自行定奪高層的決策。

了解哪類決策屬於哪個等級的過程相當漫長，端靠領導人為團隊進行示範。

### 等級一

當成員找你決定一個他自己就有能力進行的決策時，可藉由

表達謝意的方式，鼓勵他往後自己主動做決定。此外，也讓成員知道，此類型的決策，日後可以在不告訴自己的情況下逕行決定。

等級二

發現有項決策應該告知自己卻沒有收到通知、感到措手不及時，請保持冷靜，並明確表示日後要通知自己才行。若成員下了很棒的決定，要為他鼓掌，同時要求大家往後都要通知自己。若是不好的決定，就當成是學習歷程；與其嚴厲責備團隊成員（然後變成以後都得由你來決定），不如傳授自己的決策流程，並確保日後成員握有資訊做出更好的決定。

等級三

若團隊成員越界，把本應是管理階層的決策，擅自做了決定，應該好好向成員解釋，表示日後此類決策都應該交給主管決定。倘若成員這次做的決定非常棒，就大肆稱讚一番，並考慮日後讓這位成員加入重要決策委員會。

這麼做可讓決策過程民主化，降低等級一和二的決策瓶頸，有助移除領導人工作事項裡等級較低的決策工作，以利專注於更高等級的任務。

## 個人貢獻者

面對團隊或組織如何決策，個人貢獻者很容易認為自己完全

無權過問。或許曾試圖改變自己不認同的決定，最終卻陷入權力鬥爭。無論贏輸，為了嘗試扭轉決策，你可能付出過許多精力。

遇到自己不同意的決定或決策結構時，有兩個不同的處理方法。一，接受限制、專注尋找與團隊好好合作的可能性；二，致力精進自己的知識，了解組織如何決策才能團結向前邁進。

身為個人貢獻者，帶來改變的有力提問是：「**我想學習這裡如何下決策、最好的流程是什麼？**」

為什麼說這是個好問題呢？第一，問題沒有針對哪個決定，所以不會被認為是對決策者人身攻擊。第二，問題很中立，甚至有些積極，沒有直接表示不認同哪個決策，而是充滿主動性與好奇心。

第三，制定決策後，為什麼沒有傳達給相關人等。此時這個提問可巧妙但不明顯地——依據文化而定，有時會很明顯——解釋其中緣由。許多直覺敏銳的領導人，可能不會花太多時間思考自己是如何決策。因此，向某位優秀領導人問這個問題，他可能會停下手邊工作，開始提出解釋與答案。

遇到看來十分糟糕的決定時，這個提問可協助你了解未知的決策背景。或許在知道決策背景後，會發現這是個沒有人喜歡、十分艱難的決定，而最終的決策實在比其他選項來得好，或是發現這當中有你先前沒有聽聞的關鍵資訊。此外，可能明白這項決定本身毫無道理可言，但只要以策略、目的與使命的觀點來看，

就會發現個中道理。

　　無論這個決定你喜歡、還是沒什麼影響，或者你認為很荒謬，愈了解組織內部的決策方式，愈有助自己的工作，以及為團隊提出主張。這麼做就是運用團隊實際採用的決策機制，學習如何在組織內改善決策。

　　了解如何制定決策的同時，奠定基礎，好讓團隊開始為改進團隊決策習慣而衝刺。

---

## ｜火箭練習｜移除決策瓶頸

- 若你是領導人或主管，清楚說明自己對不同等級決策處理方式的期望。依據團隊成員角色，提出數種各個等級決策的例子。鼓勵團隊更加主動裁定等級一的決策，等級二的決策則是要多多溝通，而等級三的決策就得服從管理階層的決定。
- 若你是個人貢獻者，得自行了解組織內部的決策方式。記住，為推動改變，你的有力提問是：「我想學習這裡如何下決策、最好的流程是什麼？」
- 溝通與協作過程中，可參看等級一、二、三的決策。團隊主管可讓團隊成員知道某個提問或資訊屬於等級一或等級二的決策。而個人貢獻者可以直接詢問決策屬於哪個等級。

---

## 決策民主化

大衛・馬凱特（David Marquet）初任聖塔菲號潛艇（*Santa Fe*）艦長時，在某次的訓練演習中嚇呆了。當時，馬凱特無意中下達了一道不可能完成的命令，而手下船員卻沒有頂撞這道命令，而是笨拙地努力執行。這群船員是被訓練成服從命令，而不是來做決策的，即便如此，船員應該是比新任船長更了解這艘潛艇的能耐。

為了翻轉這種互動關係，並移除連最小的決策都要自己來的重擔，馬凱特艦長建立了一種新的決策方式，詳述於著作《翻轉領導力》（*Turn the Ship Around!*）[11]。馬凱特不下達命令，而是要求軍官運用「我打算」（I intend to）開頭的句子表明自身意圖，而他會視需要追問、釐清，最後以「很好」（very well）表示贊同。

聖塔菲號的領導階層擴大發展這個理念，最終目標除了陳述意圖，還要軍官概略講述計畫，以及提出可能浮現的反對意見。如此一來，馬凱特就不需再追問任何問題了。

馬凱特認為，聖塔菲號船員與軍官的晉升數量不成比例，原因就是施行了「我打算」的作法。「後來，我們全面翻轉。」馬凱特寫道：「不再是由一位艦長下令給 134 位弟兄，我們共計有 135 位獨立、精力充沛、全心投入又敬業的人員，思考著我們需要做些什麼，以及如何做好、做對，整個過程讓大家成為積極的

領導人，不再被動聽從指令。」

　　基於意圖的決策，把考量利弊得失的決策過程責任，放在工作執行者的肩上，而非他們的主管。此外，該作法訓練大家像主管一樣思考，為了闡述意圖並取得「很好」的回應，就得仔細思索潛在的反對聲浪，並解釋選擇的決策如何解決這些問題。正如先前討論，大家需要了解組織內部如何下決策。

　　基於意圖的決策，同時解決許多組織決策方式的兩個常見問題：負責決策的人要麼是遠離實際工作（如馬凱特不熟悉船艦的操控細節，卻下了一道細節滿滿的指令）；要麼就是把實際的決策責任轉移到老闆身上。

## 誰離工作最近？

　　由於職務性質，高階主管和領導人並不會接觸日常工作，而是由團隊裡較為資淺的成員負責。執行長不大可能負責接聽客服熱線、監管帳戶啟動，或是在生產線上磨小零件。然而，有太多公司都是在沒有諮詢工作執行者的情況下，決定了會影響客服團隊成員、客戶代表、生產線工人的重大決策。

　　即便工作角色的差距不是那麼大，許多組織的團隊決策習慣，仍迫使成員停下手上工作，找到主管解釋情況，收到主管決策後，才轉述其他成員。

　　比起決策過程中得停工，更糟的情況是，當決策還在傳遞，

工作時間只能持續延宕。而且,當傳話者從領導人那裡回來表示:「我們需要做 X、Y、Z。」但是,等到團隊開始執行 X、Y、Z 時,領導人可能又接收不同資訊,或是更新原先決定。

基於意圖的決策,使決策更接近受影響的工作現場,因為把收集相關實情的責任,交給最可能受決策影響的人員身上。即便最後還是得由主管或是領導人開口表示「很好」、「暫緩」或「我們試試這個作法」,但此時下決策已經比以往更能看清問題的樣貌。

## 誰負責這個問題?

有位客戶邀請我擔任高階主管的教練,打算在組織裡執行大規模的典範轉移(paradigm shift,譯按:轉變信念或做事方法)。起初,該組織採取的決策模式是由上往下,也就是由創辦人(我的客戶)進行決策,再傳遞給團隊執行。雖說團隊會提供資訊給創辦人,但創辦人終究還是唯一決策者。

就跟大衛・馬凱特一樣,我的客戶也希望自己的組織轉變成另一種模式,好讓整個組織都有權下決策,而不是他獨自決定所有的事。我們採取的作法就是改變團隊和決策者商議的方式,不是問:「誰負責決定?」而是改問:「誰負責這個問題?」

這種作法十分重要的原因是:當某位成員負責某個問題時,其責任不只是提出解答,也需要取得成員共識才行。至於,身為

公司負責人的你，則是有責任繼續不斷提出這個問題，直到獲得答案為止，並盡可能協助團隊針對此問題取得全員認同的決定。

有一點很重要，即使運用這樣的模式，你還是有責任！不過，最終不是單方面握有權力，一個人做決定，而其他人沒有機會參與的狀況。

## 誰背著猴子？

我時常轉發一篇經典的經營管理文章給受訓的高階主管客戶，標題是〈誰背著猴子？〉（Who's Got the Monkey?，暫譯）[12]，刊於 1974 年出版的《哈佛商業評論》（*Harvard Business Review*）。以今標準來看，文中有些文字已經過時，但是作者威廉・翁肯（William Oncken, Jr.）和唐納德・華斯（Donald L. Wass）所討論的問題，仍與我們有很大的關聯。文章中的「猴子」指的是本該是下屬負責的工作，卻跳到老闆的肩上了。

職場裡，一直存在向上委派（upward delegation）問題，也就是應由個人貢獻者負責處理的問題，卻回到主管身上。時至今日，隨著組織愈來愈扁平化，我們時常搞不清楚誰是委派人、誰被委派了，以及沒有履行委派工作的下場。因此，委派工作者往往感覺像是把猴子丟出來的同事，而不是轉交猴子或阻擋猴子跳走的人。

狀況是這樣發生的：當主管或老闆忙著處理自己的工作時，

有位團隊成員帶了問題過來，主管回說：「沒問題，我可以幫你解決。」然後，這個問題就變成主管的工作。接著，這位成員就去處理工作清單上的其他任務，到了下班時間，便覺得自己已經完成工作。而這時主管還得繼續工作，處理那些跳到自己辦公桌上的每一隻猴子。

培養以意圖為基礎的團隊溝通習慣，可讓猴子待在該待的辦公桌上。有了這種溝通習慣，決策工作不會再被委派到領導階層，而是決策者得說明為何是由自己決定，同時簡單解釋自己思考過的內容。

等級二的決策尤其叉用，因為團隊成員通常在提出決策想法後，又把思考的重擔丟到主管身上。因此，當目標是提供足夠資訊，好讓老闆不必要求解釋釐清，就能快速決定「執行」或「暫緩」時，決策重擔就落在團隊成員身上，進而幫助成員培養決策技能。隨著時間進展，成員不用再尋求批准，也能自己決定，然後再告知領導階層。

基於意圖的決策方式，非常適合用於團隊成員之間的橫向溝通。與其表示：「嗨，我考慮要做 X，你覺得呢？」成員可以改說：「我考慮要做 X，以下是我做決定時所考慮到的，你可以看看我有沒有遺漏什麼嗎？」如此一來，不僅可讓工作更加順暢，也可以降低團隊在心理、情緒、群體往來上的負擔。

有個很好用的短碼（shortcode，這部分會在溝通的章節進一

步討論）可用來輔助以意圖為基礎的決策方式，也就是縮寫字DRIP：決策（decision）、建議（recommendation）、意圖（intention）、計畫（plan）。「這是我理解到的問題，而我的DRIP是藉由執行 X 來解決問題。」

從根本上來說，「誰背著猴子？」的想法，是關於誰該負責把某件事情弄清楚。這想法會讓我們留心把猴子轉交出去的方式，以及成員如何把猴子轉交給我們。

當團隊更嚴謹定義誰該背著猴子，那麼是誰要負責決定與執行決策就會變得更加清楚。同時，原本該是某位成員職掌責任內的猴子，但因為他無法好好處理所有的猴子，所以猴子不斷被轉交出來，此時團隊會有不舒服的感受。因此若能定義清楚，團隊就會有合適的語言用來描述、看待這股感受。

許多女性領導人和非白人領導者想要表達「這不是我的問題」時，會需要找個有力又可靠的說法，這時此處的作法會特別受用。許多社會化程度不夠的女性與有色人種，一遇到有人間接或直接要求自己接下額外工作時，不會拒絕。只要規範好表達方式，指出該由誰負起責任，等於是給大家空間，可以在不被其他成員的猴子壓垮下，好好完成各自的工作。

這不是只有管理階層才能解決的問題；不論老闆在忙什麼，個人貢獻者與團隊成員都可以一起合作，發現有猴子在團隊成員之間出沒時，逕行提出解決方案。

## 為何「某人」事情總是做不好？

多數團隊裡，往往有位沉默的成員老是不斷犯錯，這懶惰的人就叫「某人」。

某人應該打電話給供應商重新洽談合約，某人應該確保辦公用品櫃裡常備印表機墨水匣，某人應該通知勞倫會議時間從下午一點改到三點。

可是，就算薪水照付，這位「某人」的事情總是做不好。

不良的團隊決策流程，責任流向（responsibility flow）也會不清楚，時常衍生問題。就算已經開會下決定，但會議後沒有賦予任何人執行責任，自然沒有人去做。團隊做為群體，當然期待有人站出來處理事情，卻從未決定這件事情是誰的責任。

有時，團隊會認為已經分配好責任。畢竟，這本來就應該是小娜和小馬去做。問題在於當兩個人共同負責一項任務時，最後可能變成沒有人執行，因為總有一方認為是另一方負責。

這種情況的確很煩，解決方法非常簡單。即便是由數個人負責完成某項任務或決策，到了決定去向時，還是得有一方負責出面決定方向。（後續談協作的章節裡，會進一步討論該如何落實。）

- 在組織裡實際負責前線工作的人，離決策有多遙遠？要把決策拉近實際的前線作業者，以及如何把馬凱特艦長的「我打算……」方法，運用在等級一和二的決策上呢？又該如何進一步詢問想法以便裁定等級三的決策？
- 與其由一個人負責決策，不如培養出會詢問誰是問題負責人的團隊習慣。身為問題負責人得思索：還有誰需要加入共同決策？怎麼做才能達成共識？
- 自己的團隊是否有相互丟猴子的習慣？練習設置把猴子丟回去的規範，賦予提問人有權對問題負責和提出解決辦法，而非只是把問題丟出來。
- 做好決策後，是否清楚該由誰負責執行？還是等著「某人」去做？

## 做出更好的團隊決策

當個人要在多個選項中做選擇時，這個決定可能已經夠難了，若是跟群體共同決策，情況只會更加複雜。良好的團隊決策習慣，有關減輕大家在認知、情緒、群體往來上的負擔，以便推動工作進展，可是許多團隊卻沒有花太多時間思考該如何共享這

項權力。改善團隊決策習慣的同時，也是建立團隊的夥伴關係、協作力、個體健全性。

## 保存決策紀錄

之所以會有壞掉的印表機，其中一個原因就是沒有人知道是什麼樣的決策與認定，導致壞掉的印表機出現，也就沒有人知道該如何修復。紀錄不只是記下內容、也記錄了原由，因此保存決策紀錄可幫助大家了解決策如何形成。

不論是使用 Notion（編按：熱門的筆記軟體之一）、Confluence（編按：專為團隊打造，協作和工作管理空間）等平臺工具，還是組織內部的紀錄保存系統，寫份決策紀錄不會花太多時間，卻能大幅提升大家對於決策過程的理解。

首先，我們的記憶力並不如想像中出色。只要過兩年——如果事情很多、很忙，則只要兩天——我們就記不清某項決策背後的取捨原因了。決策當下所做的各種討論商議、研究調查、蒐證工作，全都消失無蹤、躲進腦海深處。況且，如果下決策時，你不在場，更會毫無頭緒。

公布決策的第二個原因，可以把快速決定要或不要的談話討論，轉變成教導他人如何決策的好工具。紀錄內容會呈現出最重要的決策，都是權衡不同的推論與限制，這樣一來有助大家洞悉廣闊體制內的決策制定。

第三點，決策紀錄必須闡明推論過程，協助裁定更明智的決定。不論是直白載明、還是內隱偏見，每道決策背後皆有推論過程。著手寫這本書時，我們團隊正在考慮新的 Momentum 應用程式（編按：個人規畫應用 APP）要不要沿用 Productive Flourishing 的 IG 帳號，還是另創新的專屬帳號。贊成與反對，兩方的論述都很有力，但不論最後往哪個方向走，我們都已設下某種推論假定。

在這個例子裡，我們的推論顯然就是 IG 對宣傳 Momentum 非常有幫助。記錄決策時，我們會闡述此項推論，並寫下其他團隊成員提出的討論內容。如此一來，也算是幫未來的自己一個忙，因為無論最後做了哪個決定，幾年後回頭評估成效時，可以評定當初設下的推論假定。

## 讓時間融入複雜的決策

關於推論會產生的問題，可能需要一段時間才會浮出水面。若組織不斷為團隊帶來決策，卻沒有解釋說明，就會錯過收集意見、做出更有效決策的大好機會。

Productive Flourishing 團隊成員了解自己需要兩週的時間，才能好好完成多數重大決策。因此，做出最終決定的前兩週，團隊成員（若決策會影響整個公司，通常就是我了）會提出行動方案與初步計畫。

隔一週，我們會再次召集團隊，進一步詢問有關該項決策的

想法。讓每個人有機會多想想，或是分成小組針對此項決策進行對話與討論。成員可能多花些時間進行調查研究。如此一來，讓這個想法有些許時間透透氣，成員們有機會自問內心最初的情緒反應，而且問題與疑慮也有時間浮出水面。

第二次開會時，再次提出這項初步計畫並詢問團隊：「大家思考一段時間後，現在你們的想法如何呢？有沒有什麼顧慮或疑問？過去這一週，是否浮現其他議題？」

讓團隊成員坐下來討論重大決策，可避免做出不健全的倉促決定。在決策時程表上加入這個時段，讓大家有機會強化計畫。同時包容各種不同處理資訊的方式，這部分在歸屬感的章節裡有深入探討。

讓決策透口氣，可以想像成是葡萄酒醒酒，有助環顧決策的各個面向，打造更圓滑、更令人滿意的過程。

## 別理停在河邊的廂型車

有一種人性傾向，認為多數決定都具高風險，但其實不然，我們反倒容易掉入以下三種陷阱：

1. 這項決定有著極高風險：這條路還是那條路，抉擇帶來的後果都很慘烈。
2. 這項決定無法逆轉：如果我做了這個決定，接下來的職業

生涯只能這樣了。

3. 這項決定無法修復：假使後果慘烈，我們永遠無法返回原本的路。

大多數的決策──無論是個人或團隊──都不會發生上述情況。不過，因為團隊決策涉及群體互動與情緒因素，所以我們傾向認為決策具有高風險。

說句公道話，就算是相對不重要的團隊決策，也比個人做的決定，具有更高的群體風險。週五團隊午餐聚會，你挑了間新開的河粉餐廳，此時你會覺得自己有責任挑選好餐廳。如果食物難吃，你腦袋瓜裡的負面想法可能開始上演小劇場：他們會瞧不起你，以後再也不相信你選的餐廳，甚至不再相信你這個人。很快你就會在團隊裡墊底，逮到機會，團隊會開除你，接著你就得住停在河邊的廂型車！就如同《週六夜現場》（*Saturday Night Live*，編按：美國週六深夜時段直播的喜劇小品類綜藝節目）中，克里斯・法利（Chris Farley）飾演的知名勵志演說家馬特・佛利（Matt Foley）所講的那樣。

這種急遽往最糟情況──河邊廂型車謬論──的螺旋想法，常是個人遇到的問題，也會影響團隊的決策心態。做為團隊，為了決策的潛在負面後果煩惱不已，害得我們的想像裡，充滿毀滅性畫面，以至於無法往前邁進。

當然，若是在軍隊的話，錯誤的決策可能釀成人命，或是造成多年的國際動盪。不過，多數人都不在軍方，也不是太空人或醫生，因此我們多數的決策都是低風險、可逆、可修復的，其中具有敏捷實驗性思考的團隊更是如此。

## |火箭練習| 做出更明智的團隊決策

- 開始保存決策紀錄，要在哪裡記錄各項決策與推論的內容呢？
- 制定複雜決策的過程中，可以從何處下手爭取額外時間？為了讓問題浮出水面、釐清疑慮、強化決策，可以在哪個時間點徵詢團隊意見回饋？為讓團隊繼續往前，但不倉促下決策，透氣時間要設定多長才算合適？
- 當發現團隊出現河邊廂型車謬論的情況時，要辨別、指認，然後加以克服；可以直接點出：「河邊廂型車謬論又出現了，這項決策要怎麼做才能降低風險、成為可逆又可修復的呢？想好後，我們真的放手一搏了。」接著嘗試去做，要是行不通，那就算了，繼續往前。
- 若團隊在某項決策卡關，有時擺脫困境最好的方式未必是提出理性的解釋，而是問：「我們對這項決策有什麼看法？為什麼會這麼折磨我們？這項決策帶來的社會影響（social consequences）是什麼？是因為這樣，所以才變得如此困難

嗎？」提出這些問題後，有助團隊再次轉動。

## 「或許」的決策會有問題嗎？或許吧！

在理想世界裡，當你坐下來和團隊成員一起做決定時，最終可以獲得明確的「好」或「不好」。然而，很多時候得到的答案其實是「或許」。若是這樣，會有問題嗎？不一定，得視當下情況而定。不過，當決策答案是「或許」時，通常會引發以下三種狀況之一。

### 還是不清楚該如何決策

在這種情況下，提出的問題比較像是一個想法或建議，並沒有明確的錨點（anchor point）思索該如何決策。此時最好的做法就是記下所需資訊，有助於把問題從開放性問題轉變為明確的決定。

可以這樣問：「想要有清楚明白的好或不好，一般來說需要什麼？我們團隊又需要什麼？」換句話說，團隊還需要追加哪些額外資訊？

### 不清楚誰該負責這項決定

會議室裡的每一個人，或許都認為這個問題很有趣，甚至覺得是個好主意，但唯一的問題是：在場沒有人知道自己是否能就

這個想法進行決策。而相反的情況是，或許每個人都認為這是個糟糕的主意，但不知道自己是否有權說些什麼。

此時應該問的問題是：「還有誰需要加入這場討論對話，我們才能取得明確的好或不好？」

## 不清楚決策是否符合優先類別

請記住，每項重大決策都會影響後續或當前工作。有時所有資訊齊全了，相關人員也在會議室裡，但大家仍不清楚這項決策會對其他優先事項帶來什麼影響。正因如此，大家無法堅定地表示好或不好。

解決這個問題的方法，是釐清「好」或「不好」的決策，會如何影響後續的決策。就此處例子來說，做些微觀情境規畫（microscenario planning）可大大協助釐清現況。

首先，假設決策答案是「好」。預演看看會發生什麼事，影響哪些事情？解決了哪些優先事項？需要知會哪些人？可能發生什麼潛在後果？接著，再假設決策答案是「不好」的情況，進行同樣的預演。

面臨「或許」的決策時，得先確認是否重要到得有個好或不好的肯定答案。如果夠重要，誰該負責確保大家獲得答案？又，為了找出答案，流程該怎麼做？如果沒有很重要，該如何記錄與傳達，以便下次又出現問題，大家就會知道這是個開放性問題，

沒必要再召開會議了。

Productive Flourishing 有一份團隊文件取名為「開放性問題」。每當成員論及當中的議題，我們就知道目前還沒有答案，所以得開口詢問。這麼一來，也可以避免其他團隊成員被這些已知的未知議題卡關。

那麼問題來了，這些已知的未知議題是否重要到得找出解決方案？暫且歸回「或許」，是否會帶來正向效果？

---

## ｜框架｜已知的已知、已知的未知、未知的未知

「已知的未知」，聽起來可能有點怪，卻是美國前國防部長唐納德·倫斯斐（Donald Rumsfeld）說過的話。倫斯斐指出，已知的已知（我們知道我們清楚的事）、已知的未知（我們知道我們還不清楚的事）、未知的未知（我們不知道我們不清楚的事）。

撇開政治，這是個很好用的框架，可用來思索攸關決策的資訊與資料。

我們不一定需要解決已知的已知問題。而未知的未知因素則是無法規畫，因此以商業市場來說，不值得過於擔憂，不過這倒是聘請外部顧問協助規畫的原因之一。

然而，一旦未知的未知被命名後，就變成已知的未知。舉例

來說，「眼前的 VUCA 環境會為我們帶來什麼？」就是個未知的未知，而已知的未知是「未來十年內會再次遇到大流行病擾亂現在所知的商業活動嗎？」或是「經濟即將衰退了嗎？」這些未知數可能非常值得探究。

下決策時，此框架非常好用。假設你在面試新人，可試想以下幾種狀況：

- 已知的已知：我們知道履歷內容、知道團隊對應徵者的看法、知道應徵者面試回答問題的情況等。
- 已知的未知：我們不知道履歷可實際反映出應徵者多少能力、不知道這個職位在未來三到六個月會有多穩定。
- 未知的未知：我們不知道還可能冒出什麼事，使這次招聘變得更加複雜，我們還未發現任何情況。

---

有時候不處理開放性問題，其實有助團隊思考自己的習慣，並在未來引導出重要的見解與看法，這對於經歷轉型或希望把握機會的新創公司和規模化企業來說，更是如此。其他經歷過 VUCA 環境的組織，可以透過刻意留個未解的「或許」議題，提醒團隊有時得質疑某道推論假定，或是以不同的角度看待問題。

刻意留下未解的或許議題，也可啟發新見解，誘發團隊帶來下一個大創意（big-I）或是小創新（little-i）。

## ｜火箭練習｜處理「或許」的答案

- 當決策得到的答案是「或許」時，要先確認其中的原因為何。是否需要追加額外資訊幫助決策？是否不清楚誰有權可以下決策？這個決策現在是否不算是優先事項，需要延後決策？

- 專案文件新增「已知的未知」欄位，備註是誰該負責找出進一步資訊。舉例來說，「成本，目前未知：阿傑會聯繫供應商、取得報價，並於收到回覆後更新資訊。」

## 第四章　重點

CHAPTER 4 TAKEAWAYS

---

- 決策不僅是群體的互動，本來也帶著情緒。許多組織卡關的地方，是因為疏忽了情緒與群體互動的元素，只偏好純理性推論。

- 了解三種不同等級的決策，團隊必須逐一決策和採取相應的行動，即可移除決策瓶頸：

  1.可在管理階層不知情的情況下做山決策。

  2.無須建議即可做出的決策，但需要告知管理階層。

  3.必須遵從管理階層的決策。

- 運用基於意圖的決策，賦予各層級團隊成員，負責為自身職掌角色下決定。

- 我們要知道，多數決策並不如想像中那樣高風險與不可逆。

# 目標設定與輕重緩急

最糟的障礙物向來不是你在路上遇到的那一個。
最糟的障礙物往往是你自己放置的障礙物。
——娥蘇拉・勒瑰恩（Ursula K. Le Guin）

　　每個人都想成為優勝團隊的成員。

　　你曉得這種感覺：團隊列出數個目標，然後一次又一次地在球場上成功擊中目標。更棒的是，這些目標都具有挑戰性，但不是不可能做到（我稱為金髮女孩地帶〔Goldilocks Zone〕），算是恰到好處的條件。由於目標具有意義深遠的理由，所以你與成員都很在意達成目標，對於哪項工作優先的看法也都一致。然而，最棒的是每天下班時，你知道自己有具體的付出，因為你做的工作皆符合專案需求，而專案又緊密結合公司的整體策略。

　　不幸的是，多數人也有過完全相反的經歷。我們每天的工作

與個人在意的事完全沒有瓜葛，工作開始變得索然無味。團隊成員付出的努力，互相不協調，因為成員對優先事項沒有達成共識，所以彼此的合作出現矛盾、摩擦、失去活力。就算成功達成目標，團隊也沒有優勝感，因為這對整體的商業計畫來說並不重要。

上述兩種情況的區別，客觀來說，和哪個團隊比較優秀沒有關係，而是跟目標設定與輕重緩急的習慣較有關係。聽來是個好消息，因為改善習慣是能力所及的事。不論你是負責制定策略的執行長，還是把策略轉化為目標的主管，或是努力在日常工作裡找出更多意義和合乎目標的個人貢獻者，建立更好的目標設定與輕重緩急的團隊習慣，將為團隊勝出的能力帶來莫大影響。

良好的目標設定與輕重緩急習慣，不僅可幫助大家了解現在需要做什麼，還有助理解自己的工作如何協助團隊達成總體目標，以及最終團隊目標如何符合公司策略。

本章我們會討論到心理學，以利選擇推進哪些目標，探究能協助排定目標優先順序的團隊習慣。不過，首先需要問個問題，在一開始設定目標時，這問題往往容易被忽略。

## 團隊準備好了嗎？

軍人、消防員、體育隊、執行人員，常常思考有關準備就緒的議題，但商業團隊較少注意。可是，若沒有思考是否準備就

緒，如何期望團隊有高績效表現呢？

準備就緒便是字面上之意：團隊或個人實現目標、完成專案，能力表現沒有失常。與具強烈歸屬感、績效非常好的團隊相比，低歸屬感、團隊習慣差的團隊，其準備就緒程度會比較低。問題在於，許多目標的設定其實沒有考慮到準備就緒的程度，迫使團隊出現下列其中一種失敗結果：一，無法達成目標；二，成功達成目標了，卻付出超乎正常值的心力與代價，也就是敦克爾克精神（Dunkirk spirit，編按：在極為險惡的環境中，仍窮盡自身力量幫助別人），最終還是得付出代價，可能是累垮或操勞過度的團隊，或是為了達成目標耗費遠超出期望的資源。

## ｜框架｜敦克爾克精神

敦克爾克精神，指儘管計畫和決策很糟糕，但藉由果敢的努力、長時間工作與堅忍不拔，團隊合作完成十分艱困的目標。「敦克爾克」指的是二次世界大戰的敦克爾克戰役之中，英國平民船員英勇營救英國遠征軍（British Expeditionary Force）的故事。早在電影《敦克爾克大行動》（Dunkirk）上映前，我就寫過這個主題。

團隊導入敦克爾克精神，最糟糕的面向之一，便是為團隊的預期表現與心力設下標準。如此一來，不僅引來操勞過度的團隊

文化，也不會關注為何需要敦克爾克精神。因為團隊可以在最後一刻奮起、完成任務，所以無法培養出不需要在最後一刻施展敦克爾克精神的團隊習慣。

當你看到敦克爾克精神出現時，就該知道其中真正的涵義：計畫很糟糕、決策錯誤、期望不切實際。接受、讚許團隊為了挽救局面而付出的辛勞，但不要把這種付出視為常態。我們都清楚，工作常發生無法預想、預測的情況，所以英勇付出應保留給突發狀況。

不管怎樣，團隊終究是失敗了，但這根本不是團隊的過錯，而是負責設定目標者的不是。若對於團隊準備就緒的程度沒有切身想法，就無法設定合理目標。

不妙的是，通常要等到重大專案或活動結束，探究團隊為什麼沒有達到預期目標時，才會想到是否準備就緒的狀況。在行動後檢討或事後分析中——先假設事後會檢討——領導人看到團隊沒有準備好以達成期望時，時常感到詫異不解。

你知道通常是誰不會感到詫異嗎？負責專案的團隊。就算團隊沒有空間或語言進行表達，但多數團隊都非常清楚自己準備就緒的程度。

思考準備就緒的狀態時，有個簡單的出發點——審視團隊技

能（我們知道怎麼做嗎？）以及能力（我們有時間和精力執行嗎？）不過，並非只是這樣。許多擁有專業知識和時間、有精力的團隊，依舊無法完成任務，原因是團隊還需要團隊習慣，才懂得運用專業知識、時間與精力。

**專注改善團隊習慣，是最快達到更高準備程度的方法之一，因為提升能力和技能需要較長時間。** 就能力來說，要不就是從專案裡撤出人員，要不就是雇用新人；而技能則是需要時間練習。改進團隊習慣會立即賦予團隊能力，也就是移除壞掉的印表機，避免出現「Crisco 西瓜」，這兩者都會阻礙工作。另外，藉由為大家創造能勝出的學習機會，進而練習技能、提升能力。

本章節後續會協助你培養團隊習慣，穩健改善目標設定與輕重緩急的習慣，然而準備就緒有個重要面向落在歸屬感——第三章的討論主題。歸屬感較高的團隊，彼此之間的關係更為緊密，準備工作也更加充足，較能自在表示：「我覺得做為一個團隊，我們還沒有準備好。」如此一來，團隊的目標設定會更適切。你的團隊準備好了嗎？進一步資訊及評估準備程度，請參見：teamhabitsbook.com/resources。

---

## ｜框架｜不確定性圓錐＋塔克曼團隊發展階段

堆疊兩種框架，有助解釋當團隊擁有良好的目標設定習慣，

會如何為績效表現帶來作用。

**不確定性圓錐**（cone of uncertainty）：隨著專案進展，未知的情況會跟著遞減，也就是說決策、目標設定、安排優先順序所犯下的誤差幅度，會隨著專案接近尾聲而變小。對專案懂得愈多，就能更加了解專案內容，目標會更務實。

**塔克曼團隊發展階段**：團隊會經歷四個階段的生命週期，即形成期、動盪期、規範期、執行期（可參見第三章的框架補充說明）。

把塔克曼模型放在不確定性圓錐上時，即可明白為何團隊在專案堅持的時間愈長，表現就會愈好。隨著時間推移，成員在知識、背景、預設共識（default agreements）和期望方面，建立更堅實的基礎，使得大家能夠設定（並實現）更明智的目標。

對於個人貢獻者、主管和高階主管來說，這概念很好用，可用來解釋為何會發生這麼多錯誤、失誤與閃失，特別是在專案初期，許多事情都很不確定的時候，尤其好用。如果堅持下去，狀況會獲得改善。然而，每當團隊、計畫、目標、期望改變之際，等於展開新的不確定性圓錐。

無論是設定年度目標的領導人、設定月目標的主管，還是設定每週或每日目標的個人貢獻者，中途改變目標和期望都是極具破壞性的。堆疊上述的框架模型，即可顯示為何一般最佳實踐作法，是整段專案週期開始之後，便堅守住目標與關鍵成果（key results）。即便是——尤其是——犯錯了，也要堅持下去。比起中途改變目標或標的，堅持執行一季，發現設錯目標，然後從中學習經驗，這樣會比較好。雖然有點違背常理，但效果非常好。

---

## 對於目標，選擇「拉」、不要「推」

多數人要處理的事情太多了，每天都得面對這些問題：優先順序是什麼？哪些可以緩緩？哪些可以不用處理？如果我們是完全理性的生物，能夠做出完全理性的選擇，那麼我們挑選的目標在策略上會是最具影響力，或是最合理的選項。

**事實上，我們就是有機生物，會依據多種非理性因素選擇目標與任務。**我們的決策過程包括獎勵或懲罰等外來因素，以及最簡單或最有趣之類的情緒因素。此外，我們也會根據其他因素來做決定，像是哪項挑戰最有成就感？還有哪個目標最接近我們的使命和熱忱？

沒錯，我們上班就是為了有一份工作，而保住飯碗和拿到薪水的欲望，絕對是很棒的動力。然而，工作可以不只是工作。只要了解目標如何推進在情緒上的組成因素，工作可以是豐富、快樂、有意義的。愈是想要忽視我們非理性面的人性，團隊就愈難協力合作和推進目標。

## 逃離棍子，還是追逐胡蘿蔔

苦痛是很強大的動力，但長遠來說，人很難被痛苦和恐懼所激勵。事實證明，苦痛無法打造最具有創意的工作環境，也無法帶出最棒的士氣。苦痛無從培養良好的歸屬感，而就如同我們討論過的，綜觀各種團隊習慣，強烈的歸屬感是良好團隊習慣的關鍵。

獎勵可以是很強大的動力，並且多數人都會同意胡蘿蔔比棍子好多了。可是，胡蘿蔔往往會帶來許多任性的想法。為了贏得眼前比賽，成員會改變團隊習慣和預先的設想；有時是惡意的，有時不是。

再者，以獎勵做為動力而產生的扭曲關係，正是新創公司面臨的其中一項挑戰。獎勵文化通常是因實現目標而起，但公司有時無法撐那麼久去實現目標。害怕失敗與期望獎勵，可能還會把成員搞到精疲力盡。

丹尼爾・品克（Daniel Pink）在其著作《動機，單純的力量》（*Drive: The Surprising Truth about What Motivates Us*）[13]，深入探究了棍子與胡蘿蔔等外在動機的問題。如果動機純粹是為了逃離苦痛或獲得獎勵，尤其會阻撓較為複雜或是概念性、創意性的任務。

## 選擇輕鬆或是來個挑戰

另一個常見的傾向是人會想要先做簡單的事，我們只想快點結束這一天，下班回家。畢竟整天這麼忙了，我們會想選擇能帶來成就感的事，最理性或明智的做法就是找出捷徑和選擇輕鬆的方式。

人們天生就想讓自己的生活輕鬆點，可是，與直覺相反的是，我們可能會覺得具有挑戰性的目標較有吸引力。面對簡單容易的目標與野心勃勃的目標，高歸屬感、績效佳的團隊可能偏向選擇後者，因為這樣的團隊知道完成挑戰會獲得獎勵，也認為值得冒上失敗的風險。

在獎勵、鼓勵創新發明的組織裡，時常會出現這樣的情況。然而，在完成較為平易近人的任務，便可獲得獎勵的組織和團隊裡，就比較習慣選擇簡單的目標。

另一個例子是追求精通某個領域時，縱使專案已進入不如一開始那樣容易或有趣的階段，但因專精而能獲得的獎勵可成為強大的動力。在《動機，單純的力量》一書，即把專精與自主、目的並列為內在動力的關鍵要素。

## 照著老闆的遊戲規則，還是設計自己的規則

另一個不用動腦筋的選項，就是在無趣中找尋樂趣。當其他因素都一樣時，我們往往會選擇看起來比較有趣的目標。

這時遊戲化就派上用場了，立即成為一種動力。人類非常擅長為自己設計小遊戲，簡單到開車旅行時，會和朋友在路上找尋來自別州的車輛，就算沒有計分、也沒有獎勵，只要遊戲開始了，找到新車牌時，大腦就會分泌多巴胺。

工作上，我們使用標識符號、成就勳章、證書、徽章、內部競賽，把工作遊戲化。但是，我們不一定會考慮到我們玩的遊戲除了能激勵團隊，是否符合公司的業務目標，以及團隊是否想要玩遊戲。舉例來說，遇到設計比賽，團隊真心想要贏得勝利，那麼設計比賽就成了團隊的優先事項。但若沒有事先徵詢成員意見就報名比賽，就變成只是加重成員的工作量而已。此外，若比賽讓團隊分心而忘了更重要的工作，那麼鼓勵成員玩遊戲等於拿石頭砸自己的腳，因為成員無法專注完成其他更重要的工作。

## 做對自己和團隊都很重要的事

依據馬斯洛（Maslow）需求層次理論的預測，在只為了生存和自我實現之間抉擇時，人們傾向選擇前者。不過，這個概念很難解釋那些明顯將生命置於危險之中的自我實現選擇，例如從軍或成為消防員等選項。此外，也無法說明為何人們為了成為優秀的團隊成員，而把自己弄得疲憊不堪、甚至生病。然而真實情況就是，為了自我實現、目標、歸屬感，大家總是會做出危及身體健康的事。

我們都想從事重要的工作。我們想知道自己生產的小物品、填寫的表格、回覆的客訴，全都發揮了影響力。要是知道能起到作用，我們更可能想要朝著目標前進，不然的話，就會想要找個較有趣、簡單或是能被激勵的事情來做。

這可能說明了，對於工作我們會挑選符合自身或組織價值觀的目標，或是可以讓團隊整體生活變好的事情（順帶一提，這也是最有可能讓你們完成改變團隊習慣的動力）。

至於該選擇推進哪些目標，每個團隊與個人都有不同的內在動力。明白這一點後，便能讓你運用創造拉動目標的強大團隊習慣。

## 推力目標與拉動目標

了解人是如何做選擇後，可協助提出更具動力的目標，但不是每個組織的業務目標都是簡單、有趣且能獲得獎勵。這就是為什麼一定要了解，如何才能打從內心（具體）激勵自己與團隊，設立鼓舞大家的目標。

推力目標需要更多的激勵效果，才能讓大家繼續前進。

若發現自己得回頭提醒大家現在在做什麼，以及為什麼這麼做，就可能是個推力目標。團隊成員本身沒有動力自己做事，因為不明白事情的重要性，或是只想草草完成、好回頭做自己想做的事，成員們常只完成最低程度的要求。

拉動目標比較不需管理，因為成員本身較有意願執行。

當過程出現阻礙，大家會堅持下去，因為工作背後具有意義和目的。此外，拉動目標也易於在團體內創造更多的協作與合作。

總得不斷提醒團隊週五前完成煩人的週報，以及成員每天早上都會準備好迎接問題或挑戰，這就是推力與拉動目標的差異之處。要把推力目標轉換成拉動目標，通常不需花費太多力氣，以下提供幾個例子。

以營收數字為例，高階領導人希望營收數字成長，因此團隊目標常有營收項目，但對多數人來說，公司賺更多錢這個目標並不具內在動力。

要成為內在動力，得把營收目標轉換成可服務或協助的人數。假設我在迪士尼樂園工作，我不會在乎門票銷售的金額，反倒會想著某個家庭有了永難忘懷的夏日旅程。隊伍中的家庭省吃儉用，存到門票、住宿、機票的費用，為的就是希望能讓孩子的童年有段難忘的經歷。因此，身為迪士尼的員工，我可能不會因為自己每天賣出幾張門票、賺了多少家庭的錢而受到鼓舞，但我絕對會很在意能夠給每個家庭一趟美好的體驗。

再舉個例子，或許我的工作是製作某種安全裝置，產品的銷售數量本身可能不具內在動力，但若重新設想成我生產的每個安全裝置可能拯救一條生命的話，就是個很強大的動力了。

不論在組織從事什麼工作，你的工作都會影響周圍的人。也許你一點也不關心每週填寫的試算表裡，最終欄位 C17 跑出來的那個抽象數值是多少，但若欄位 C17 代表著團隊是否拿到獎金，那你肯定會在意了。即便獎金對你的職位來說沒什麼大不了，但對於剛有小孩的成員，或還要照顧爸媽的同仁，又或是小時候沒去過迪士尼、正在存錢圓夢的的同事，就有著重大的意義。

---

## ｜火箭練習｜把推力目標轉變為拉動目標

- 若你是高階領導人，就要去了解團隊的內在動力，並制定符合團隊動力的目標。想了解可以如何激勵團隊，你得充分認識團隊。此外，也要確保每個策略的作法與子目標，皆符合公司價值觀。

- 若你是中階主管，可能卡在高階領導人與團隊之間，前者想要完成重大策略計畫，後者則是被其他工作給埋沒了。你的工作就是要進行上下溝通，好讓每個人的想法一致。若團隊有深感興趣的拉動目標，可能需要把這些目標轉變為能引起高階領導人重視的事情。若情況正好相反，即高階領導人的重大策略商業目標無法引起團隊共鳴，就可能需要把這項重大目標轉變為能夠激勵團隊的遊戲。

- 若你是個人貢獻者，對於團隊領導人或主管有幾分同情，那你

可能會注意到高階領導人和主管往往沒有時間，又或者不夠了解如何激勵團隊，所以無法制定優質的拉動目標。不過，這不表示你無法把推力目標轉變為拉動目標。不必等待高階領導人和主管，為了讓自己與團隊成員更有熱忱，你可以在目標中注入些許意義、目的與價值。

## 把目標轉化為優先事項：TEAM 成本

　　無論拉動因素多麼強勁，只要沒有實際分配資源、讓拉動因素變成優先事項，全是枉然。每個專案都需要四樣東西：時間（time）、精力（energy）、關注（attention）和金錢（money），組合在一起就成了 TEAM（團隊）。如果想要完成某項目標的確是優先事項的話，那麼團隊與個人的行程安排（時間）、聚焦點（精力和關注），以及預算（金錢）皆要有所反映。

### 時間：行程安排說明了優先事項

　　剛開始擔任高階主管和團隊教練，遇到訓練如何在組織內推動目標的時候，我會先關注團隊的組成，但現在我會先查看成員們的行事曆。

　　聖雄甘地說過：「不能只是說說，行動才能彰顯優先性。」

工作上，行事曆的安排驅動我們每天的行動。無論你喜不喜歡，大家的行事曆都記錄著優先工作事項，**若你真心希望團隊可以朝目標推進，就得先在成員的行事曆裡卡位。**

行程安排決定了推進方向，但許多人沒有百分百的自由選擇權，不能自行決定與安排。

為何這點如此重要？許多領導人把達成目標視為個人選擇：決定專心去做，或者決定不做。但是，行程安排的自主權愈少，擁有的目標自主權也就愈少。成員行程的安排方式，是否有益成員選擇重要的目標呢？還是，我們在期望成員利用會議與會議中間的零碎時間處理真正的大問題，這種只剩下零碎時間的行程安排宛如瑞士起司般坑坑洞洞的，根本難以運用。

很不幸地，無論處在階級中的哪個位置，都有可能被迫利用零碎時間推動真正的大目標，又或者被迫把工作帶回家，等到晚上和週末有自主權可以安排行程時，才能夠專心完成工作。就雇主的角度來看，員工這麼做似乎很有意義，但對於員工、員工的家人、員工的社群來說，可不是這麼一回事。

順帶一提，賦予成員更多空間安排各自的行程，不僅對培養成員追求組織、團隊目標的能力來說很重要，同時也是間接建立歸屬感最棒的方法之一，可改善幸福感與士氣。

## 無會議日

讓團隊有時間專注於優先事項的其中一個方法，就是在整個團隊的行事曆上，空出一大區塊的時段，定為不可安排會議的時間。

Productive Flourishing 團隊有個「不開會週四」，而開會的具體含義指的是兩人以上、安排好一個時間談話。那麼，如果我正在做某件事情，而你同樣在做這件事情，兩人想要花個十五分鐘討論一下，這樣算是開會嗎？技術上而言，這不算開會，不過就定義上來說，我們仍然會限制週四出現這種臨時性的討論。因為這邊、那邊各花個十五分鐘，就跟整天開會差不了多少。

基本上，我們每週會給整個團隊一個專心工作的日子，好讓成員們有時間處理最重要的優先事項，推進完成。你也可以挑選出團隊認為最合理的一天，做為每週的無會議日。

## 精力與關注：誰戴了青帽？

有時候，整個團隊會共同合作支援某個優先事項；而有的時候，特別像是產品發表會等高優先活動，給目前正抱著球猛衝的成員戴上「青帽」會有很大的幫助。

這是從賽斯・高汀（Seth Godin）那裡取得的概念，一開始（2016 年之前的某個時間點）使用的是紅帽。[14] 由於現今的紅帽會聯想到其他意思，所以換掉了顏色。但重點不在於帽子的顏

色，也不在於是否真有一頂帽子，而是有時你得開口問問：「做為團隊，我們該如何待在這位成員的身後，團結一致、協助移除阻礙，好讓他充分發揮？」

軍隊裡，當我們稱某個單位是主力（或是享有氣力優先權〔priority of effort〕）時，表示該單位可以取得任何所需資源，而其他人的工作就是支援該單位。倘若任務是要占領灘頭陣地，那麼負責清空海灘的團隊便握有主要優先性，因為若該團隊的任務失敗，剩餘任務便跟著崩潰。許多運動團隊也採用類似方式，表明誰是主力，而通常就是抱住球的那一位。

在辦公室中，當某位成員戴了青帽，其他成員就應該讓他的行程多擁有些空間。有會議需求時，要多問幾次、確認他是否真的出席；遇到疑問或是需要協助時，也要多想一下，再決定是否要打擾他。

那麼，該如何為成員戴上青帽呢？

**大聲表明**：規畫階段和開會期間，皆需討論專案每個階段的主力負責人是誰。然後，養成習慣在當日指出哪些成員戴著青帽，如：戴青帽的人進入辦公室或虛擬簽到了，快速簡短地提醒團隊今天自己戴著青帽。

**負起責任**：一旦戴上青帽，成員無須提出脫離某件事情的請求。若你是名衛兵，又被叫去開會，你不會開口問是否繼續守衛，直接專注守衛到任務解除為止。同樣地，戴上青帽的你應該

持續專注到工作完成為止──這就是優先的核心重點。如果大家等不及戴青帽的人完成高優先性的工作，就急著找他們開會，這種團隊就是急迫又蠻橫。

**載明轉移青帽的時間點：** 為青帽畫上時間或是里程碑的界線；成員只能戴上青帽一段時間，或是達成某個里程碑為止，就要把青帽交接給下一位成員。

**報告進度：** 最後，因為取得優先，戴上青帽的成員得提出報告，說明每件完成的工作。此舉可再次說明青帽團隊習慣的價值，並讓戴上青帽的人知悉其他成員付出的後勤支援工作。

這麼做可以讓整個團隊了解青帽的現況，並為團隊灌注一種想法：或許我們可以改變協力合作的方式，以利更多成員專注於高度優先的工作；或是我們可以時不時為整個團隊戴上青帽。

## 大聲請出「力量倍增器」

我得承認，與白人男性相比，當女性和有色人種戴上青帽時有其不同之處。我們的社會大多認為白人男性擁有優先性，因此當女性和有色人種戴上青帽，可能會格外有活力、更具有權力。

不過，若社會化程度不足，當他人尋求協助時不懂拒絕，就會出現一段學習曲線。比起其他成員，有些成員對於沉浸在團隊提供的支援會感到不習慣。有些成員則會因為歸屬感等優質團隊習慣而受益，相信自己不會在擔任主力期間，因尋求所需支援而

被訓斥或看貶。

撇開種族與性別不談，有些人或許不喜歡戴青帽，他們更喜歡在團隊中扮演力量倍增器（force multiplier）和推動者的角色。這類幕後人員非常了不起，但我們的社會與職場文化一般不會像獎勵英雄那般獎勵藏鏡人。儘管青帽可以成為推動優先事項的實用工具，但它的存在也應該提醒著我們：這是團隊共同付出的努力。

關注團隊的明星成員，務必感謝他們的付出，之後便可請明星成員退到一邊，接著認可每一位付出貢獻的人。畢竟，明星成員不是什麼超級人類，可以憑著一己之力完成工作，通常會有四、五位無名英雄一起合作才能實現目標。

## 金錢：預算有多少？

當組織或團隊有了新的優先事項，要養成習慣提出最後一個問題：「我們是否編制了預算？」如果答案是肯定的，目標才真的成為優先事項了。若不願意挪動預算實現目標，就是不願意把這個目標設為優先。

編制新預算不表示一定要投入新的資金和資源，來支持新的優先事項，可能是挪移其他專案的部分工作，藉此重新分配既有預算。

在團隊環境裡，任何活動的調動都需要花錢。要求人員在行

程安排上挪出時間，其實就是分配資金到此段期間的優先事項上。若不打算為專案編制額外預算，但專案已經召開數次討論會議，真相就是該專案早已花費了數千美元的會議費用。

每當我向客戶指出這點，他們通常會冒出「啊哈！」的回應，接著陷入苦惱。要是一開始就規畫經費支持，組織付出的成本會遠低於那些攸關節省經費和低成本專案的討論會議成本，這種情況在小型企業或非營利組織裡尤其常見。

指明這一點時，既清楚又鮮明，但日常工作裡卻很容易忽略，而且如果你不是發薪負責人就更容易忽略。可是，開會需要錢，發電子郵件需要錢，測試流程與規格報告都需要錢。若不願意為專案編制預算，就不是真心想推進專案。既然如此就不要再開會、別再提出或撰寫有關這件專案的事情，因為你只是把錢花在沒有打算實現的目標上。

舉例來說，有位團隊成員負責的工作是內容關鍵字。一直以來，他都是拼拼湊湊使用各種不同的免費工具，最後有天終於召開會議討論付費升級事宜，因為付費後每個月可以省下好幾個小時的工作時間。

這個付費工具的年費是 99 美元，遠遠低於每個月支付給他的薪水。以他的角度來看，比起爭取預算，多花一點時間處理這件事情沒有不合理；但從我的角度來看，我的團隊就只有這麼幾位優秀成員，他們只有這麼多的時間和心力。每年再賺個 100 美元

相對容易，但要成員在一天之中多擠出幾個小時卻是難上加難。

　　然而，如果處在組織階層較低位置，提出預算問題並不簡單。不過，若能養成團隊習慣，定期分析團隊目標和專案的 TEAM 成本，即可讓每位成員擁有溝通語言和工具，確保團隊落實優先考量設定目標。

---

## │火箭練習│讓目標成為優先事項

- 定義每個目標的 TEAM 成本：

  1. 團隊行事曆裡，目標安置在哪裡？有哪幾天、哪幾個專注時間段（參見第十章）可用來推動此項工作？

  2. 此項專案各階段的主力負責人是誰？成員戴上青帽時，有何標示？團隊實務上會如何排除阻礙，以利工作進行？

  3. 此項專案的預算是多少？請記得在預算中納入所需的資源與團隊時間。

- 如何調整團隊的行程安排，好讓每位成員有一個下午甚至是一整天的時間，可以戴上青帽？

---

## 替失敗留個餘地

　　面對失敗，許多組織會直接或間接表明零容忍。就紀錄上來

說，這樣的組織目標成功率看起來可能比其他組織高，但其實代表了組織會更難取得貨真價實的成功。

為什麼呢？因為成員很快就會知道，選個可簡單達成的目標才是正解，以防自己惹上麻煩。當組織沒有鼓勵成員成長，也無法欣然接受挑戰的失敗經驗，團隊與個人的應對策略就是選個低估自己能力的目標。

當團隊嘗試處理大型計畫時，難免會有疏忽與失誤，像是出現 Crisco 西瓜、專案移交時有所遺漏。假使主管、領導人、團隊成員的唯一目標就是避免失敗，那麼團隊每個人的應對方式就是選擇一個深知不會失敗的目標。

如此一來就不會有創新，也不會有人想冒任何風險。團隊成員不想嘗試新事物，最終結果就是達不到真正的成功，造成團隊與組織無法進化，轉變成為明年所需的新樣貌。取而代之的，就是團隊繼續管理著前一年的技能和優先事項。

從組織激勵績效表現的作法，即能看出組織在這一方面的理念。主管是否被鼓勵以刪減團隊開支提升獲利，而非提升價值主張（value proposition）？個人是否因堅守分內工作而獲得獎勵，因為提出新想法而被懲罰？

由於沒有失敗的餘地，所以管理階層或組織只鼓勵安全無虞的目標。團隊會生存下來，成員也會繼續留在這裡，但這樣的團隊或組織不會端出優秀的績效。

蓋瑞・哈默爾（Gary Hamel）和普拉哈（C. K. Prahalad）在《競爭大未來》（*Competing for the Future*）[15] 中提出，若只專注於管理分母——即保持精實嚴密——企業不會有競爭力；反之要專注於分子增長——新產品線、新營收來源、更多收益——如此才能讓業務確實發展。對大多數團隊而言，同時管理分母和讓分子成長，是非常困難的一件事。此外，很不幸的是，與只鼓勵較安全和低標準的目標一樣，有些組織追求保守主義，只要求管理好分母，而不鼓勵分子成長。

保守主義的作為，也會反映在組織培養和留住出色人才的作法。在追求零失敗的組織裡，團隊成員與主管在討論未來職涯時，便會規畫一條輕鬆的道路，不會選擇讓自己竭盡全力的目標與角色，當然不會尋求機會精進技能，更不想要發展成為組織所需的領導人。

---

## ｜火箭練習｜替失敗留個餘地

- 在團隊或組織裡，大家如何看待失敗？該如何調整目標鼓勵機制，以確保成員有空間帶進新想法、承擔明智的風險、嘗試大型計畫？

---

## 第五章　重點

CHAPTER 5 TAKEAWAYS

- 了解團隊是否準備好達成部分目標，是設定成員實際上能夠完成的目標的關鍵。
- 專注改善團隊習慣，可說是快速提高團隊準備程度的方法之一。
- 人類會依據許多非理性因素選擇追求哪些目標，包括苦痛、獎勵、輕鬆度、遊戲化、價值觀。
- 可以的話，就把推力目標（外在動力）轉換為拉動目標（內在動力）。
- 目標要擁有優先性，需要分配 TEAM 成本，即時間（time）、精力（energy）、關注（attention）和金錢（money）。
- 若沒有替失敗留餘地，團隊永遠沒有空間邁向真正的成功。

# 規畫，每個人的工作

規畫定義出你想前往的特定地點，以及你打算如何前往的方法。
這是種責任，並不只是一種技能。
——法蘭西斯・賀賽蘋（Frances Hesselbein）

《南方四賤客》（*South Park*）有一集「侏儒」（Gnomes）的故事[16]，內褲侏儒表示自己的商業計畫裡，第一階段是收集內褲；第二階段「？」；第三階段就可以賺大錢。我在《完事大吉》一書中，修改了妮洛芙・莫晨特（Nilofer Merchant，編按：全世界最具影響力的管理思想家之一）的說法，把內褲侏儒第二階段的問號稱為「空氣三明治」（air sandwich）。情況往往都是這樣，每當公司行號找我協助釐清為何事情行不通時，原因常常就落在規畫上。

前幾個章節討論的決策、目標設定與輕重緩急，解答了「我

們的處境是什麼？打算往哪個方向前進？」在這個章節，規畫要問的問題就是「我們要如何前往目的地？」

然而，對許多組織來說，規畫（與溝通，這點我們下一章會討論）本身就是很大的問號，進而成為策略與執行之間的空氣三明治。可是，你必須要有計畫，還要溝通傳達計畫，接著跟進、才能推動計畫前進。

本章我們會深入探討，把爛計畫轉變成好計畫的團體習慣。不過，先讓我回應你心裡可能已經浮現的疑慮：「查理，這樣說很棒。但我只是個人貢獻者，根本就不是負責規畫的人。」

如果有這樣的想法，第一個要改變的團隊習慣就是明白：**計畫是每一個人的工作。**

## 每個人都要做規畫

當你有個很棒的計畫，沒有人看得見它。團隊想法一致，沒有人感到困惑，一切都正常運行；優秀的計畫是團隊正在運作遵循的，不會無意間出現。

正因如此，規畫不是一件容易的事。事情一旦出差錯，很容易會發現是規畫出了問題。就算你們是高效團隊，總能把優秀計畫執行地有聲有色，也不代表你們擁有良好的團隊規畫習慣。

較有可能的情況是，其實幕後有位傑出的規畫者，十分擅長制定策略與溝通工作。通常就是他為團隊奠定好基石，以利團隊

合作完成出色的工作。不過，團隊其他成員不會意識到成功規畫的關鍵，單單是一個人的緣故，直到為時已晚才恍然大悟。

沒有人樂見團隊出現單點故障。假使團隊習慣倚賴一位很會規畫的成員，無可避免的是他也需要休息，或他被拉去做其他事情，也可能除了規畫他還有其他工作，這就是為什麼規畫工作應盡可能成為每個人都可以做的分散式團隊核心功能。

在小公司，一般就是創辦人規畫，Productive Flourishing 也不例外。我個人相當擅長規畫，畢竟早年幾個經歷都有機會訓練規畫能力。每當我與團隊待在會議室時，團隊會比較有紀律，都能快速完成規畫工作。但為了團隊好，我們都不希望只有查理才知道如何規畫。

為了避免這種情況，我們把規畫列為公司的核心技能。特意培訓每位團隊成員，各自負責一部分計畫，而且想要在 Productive Flourishing 成長，其中一個方式就是負責愈來愈多的專案規畫與管理。

每當公司成員有想法時，就得負責構思初步計畫，而我負責回應：「我們來想想細節吧！營收模式是什麼？需要哪些資源才能實現目標？時程如何規畫？新計畫會取代什麼？需要多少時間單位才能移轉到新想法？每個時間單位的成本是多少？」

當我要制定新計畫，我會利用機會讓團隊一起參與過程、規畫方法，也讓成員明白沒有計畫的話，想法是動不了的。花時間

學習如何制定計畫，並把這項技能傳授給其他成員，絕對是件值得的事。

---

## ｜火箭練習｜教導每位團隊成員如何規畫

- 團隊是否都由某位成員負責規畫流程？可以做些什麼事擴大規畫流程，以利要求每位團隊成員扛起各自負責的專案部分的規畫工作？
- 團隊可以打造哪些範本、清單、資源，協助加速規畫流程，讓新成員更容易學習這項技能？

---

## 糟糕的計畫帶來糟糕的成果

若你待過軍隊，可能聽過「7P」。不過為了方便，在此我簡化為 5P：糟糕的計畫帶來糟糕的成果（Poor Planning Produces Poor Performance）。真是不言自明的一句話，但火箭練習就是這麼一回事：就算我們知道應該規畫，但不表示有確實做好——或者根本沒有做。

那麼，什麼是計畫呢？

1. **目標**：試圖實現的特定目標。

2. **時程**：為執行計畫而定下的時間軸。

3. **成員**：為完成計畫而特意指派的適合人員。

4. **承諾**：承諾會分享、討論、更新計畫內容。

我想要多談談最後一點，因為這很關鍵，但不知為何卻是最容易被忽略的一步。你可能規畫得非常好，卻沒有使用該計畫，這樣幾乎是比沒有計畫還要糟糕。接下來，我們就來討論一下原因吧！

## 不分享計畫

當年我從國外被派回美國後，有份工作是負責策畫空軍、陸軍與一些外國盟友舉行聯合訓練演習。當時，我會運用戰術模擬演習訓練隊伍，基本上就是在設置的情境裡運送補給，同時訓練隊伍如何突擊車隊。大家都覺得很有趣，但被伏擊的車隊未必會開心就是了。

原因是被攻擊的車隊指揮官大多時候都會輸！我身為訓練官，工作就是要提醒大家，如果沒有留心注意到某些關鍵點，多數時候就是敗北，而其中兩個關鍵點就是：

1. 確保車隊的指揮官與副指揮官沒有坐在同一輛車上。

2. 開始行動前，要與全體團隊分享計畫內容。

問題在於，在妥善提出計畫後進行溝通肯定需要時間，但車隊的正副指揮官通常很著急。為了節省時間，兩人會徑直跳上同一輛車，也沒有與團隊成員分享計畫內容。

　　指揮官的車常是悍馬車，車頂伸出兩根天線。我在訓練突擊隊時，當然會告知大家要找有兩根天線的那臺車。模擬時，一旦拿下指揮官的座車，幾乎每一次剩餘車隊都會跟著陣亡。

　　為什麼會這樣呢？部隊的其他成員可能只知道粗略的計畫，但沒有針對特定問題深入討論過：要是指揮官和副指揮官都被抓了，接下來怎麼辦？改由誰負責指揮？我們要往哪裡去？目標在哪裡？該如何率領救援行動？

　　任務失敗，原因正是大家是在執行幽靈計畫。

　　有時，團隊裡的一、兩個人聚在一起，想了強而有力的計畫，但因為作業太快，所以忘記與其他成員分享計畫內容。

　　團隊發生摩擦、挫折時，深埋其中的一個原因就是幽靈計畫，握有幽靈計畫的人會因為其他人沒有進入狀況而感到不耐，不清楚內容的成員則會感受到這股不耐，卻又不知道該做些什麼才好。

　　多數人都不是身處戰爭的情境中，面對的也不是會使出全力的訓練官。然而，日常的商業戰場，領導人有時可能不在崗位上，不管是去度假或忙著開會，因此要分享計畫，不然剩餘的工作就會陷入停擺。

## 不討論計畫

　　團隊一起坐著，設定明確的行動方案，甚至可能記錄了討論內容。會議結束時，每位成員對於下一步要做什麼都很清楚。真是太好了，對吧？

　　不過，還有一個問題。如果這場會議是你們最後一次談論此項計畫，那麼情況幾乎跟一開始沒有採納這項計畫一樣糟糕。就算是在意見一致的團隊裡，每位成員對於計畫都會有個人的想法，假使團隊沒有討論計畫的習慣，隨著時間過去，成員的個人想法就會愈來愈漂離原本的計畫。

　　這情況往往是因為人類生性喜歡添加所致；雷迪・克羅茲（Leidy Klotz）在《減法的力量》（*Subtract: The Untapped Science of Less*）[17] 一書中，指出人類偏好增添而非刪減。某天，克羅茲的兒子幫他解決一個樂高難題，但解法不是堆疊新的積木（克羅茲原本打算這麼做），而是移除一塊積木。後來，克羅茲拿這個樂高結構去問同事會如何解題，結果幾乎所有人都是選擇往上疊更多積木，而不是移除積木。

　　觀察到這點後，克羅茲展開一系列的實驗，結果支持了自己的理論：人類的解決方式傾向為專案增添更多的內容。就算從財務角度認為應該刪減，還是一樣會選擇增添。

　　為了讓文章更清楚明瞭，好的編輯或作家首先要做的就是刪除沒必要的字詞、句子，甚至是整個段落。可是，新手作家通常

認為需要寫更多才能清楚表達自我觀點。

　　規畫工作時，也會發生同樣的狀況；假使不是每個人百分之百清楚這項計畫，我們自然會傾向添加內容解決問題。你和我都會試圖補上空缺，但若沒有參照原本的計畫，我們可能會添加不一樣的東西。

　　**計畫的目的，不只是開始時讓所有人想法一致，執行計畫時更能讓我們不偏離計畫內容。**開會的時候，要把計畫拉進來討論。安排完成日期與每日任務，都要參照計畫內容才行。此外，每次想到計畫，觀察自己是否會不自覺地增添新的假設或限制，想想這麼做是否必要？丟棄的話，是否有幫助？有了答案後，就來更新計畫吧！

## 不更新計畫

　　制定計畫時，我們依據的都是當下取得的資訊，而且都會跑出新的資訊、新的限制、新的優先事項。若沒有持續把新的內容更新到計畫裡，最後只會變成部分成員依據的是新資訊和新設想（但這些新內容只存在他們的腦海裡），而另一部分成員仍跟著舊計畫走。

　　此時，基本上已是兩組不同的團隊，著手進行兩組不同的目標、計畫與成果。

　　為什麼說這種情況比沒有計畫更糟糕呢？因為如果沒有計

畫，至少團隊會不斷確認彼此當下的狀況。一個沒有在更新的計畫，表示人人都認為自己知道的是現況，但其實沒人真的清楚整體情況。

我看到許多團隊習慣是利用晨會確保大家的資訊一致；每天開始工作前，花個十分鐘確認優先工作、分享新資訊，表面上看來很合理，但真實情況是這種晨會可能就是造成計畫不周詳的原因，其中有兩個理由。

首先，晨會可能變成「拐杖」，過度依賴、還可能取代優良的計畫，因為大家都接受每天早上匆忙解說計畫就行了。第九章我們會探討這種拐杖會議（crutch meeting，編按：依賴性會議，通常是指非必要舉行的會議），這是一種為了解決規畫問題的昂貴作法。

第二個理由是晨會很可能產出大量新資訊，但原本計畫裡幾乎找不到相關資訊。如果每位成員天天出席晨會，便不是什麼大問題，但人總會生病、會旅行，也可能因為有其他優先任務而錯過晨會，等到一週後再查看計畫內容時，就會毫無頭緒。

---

## 火箭練習 ｜ 讓每位成員的資訊一致

- 制定計畫後，會如何分享？誰負責把計畫傳遞給每一位需要知道內容的成員？（別只是把工作留給「某人」！）

- 計畫是否存放在每位成員都可以輕易取得、隨時參照之處？團隊多久會重新審視計畫？有什麼樣的機制可以確保團隊定期討論計畫內容？
- 更新計畫內容的流程為何？如何傳達給決定更新計畫時人不在場的相關成員？

## 建立時程表

審視計畫的方法之一，就是把想法或目標置入時程表。在前一章，我們以完整篇幅討論了如何設定更好的目標，現在就來談談時程表。

一份不周全的計畫，可能說明了目的和意圖，卻沒有時程表，那表示不會有任何進展。反過來說，如果有時程表，但目的和意圖看不出實質意義，那麼團隊成員就不知道自己是為了什麼在努力。在規畫階段裡，兩者同樣重要。

怎樣才算是好的時程表呢？可以先問問自己下列幾個問題。

### 有哪些人員需要查看時程表？內容需要詳細到什麼程度？

團隊面臨的其中一項大挑戰，就是時程表要為不同的對象提供不同的週期範圍與細節內容；而貫穿不同層級的時程表更要做到這一點。

- 領導人：季度、年度、數年。
- 主管：月度、季度。
- 個人貢獻者：每週、每天。

若年度或數年的時程表塞滿太多日期與時間，負責領導階層計畫的領導者便難以看清目標的整體架構。另一方面，如果意圖說明過於粗略，例如：完成日期設在季末卻未標出各個進度里程碑，那麼個人貢獻者幾乎無法判斷自己是否走偏了。

一份好的時程表需要考慮到使用對象，同時具體到讓專案保有進度，但又不至於迷失於過多的細節資訊中。

## 時程表是否充分考慮重工空間（rework margin）和偷懶時間？

另一個計畫會出錯的地方，是團隊的工作量呈現百分之百滿載。試想一下，每天工作八小時，計畫運用這八小時的每一分鐘，不容許留下任何犯錯的空間，也沒有時間開緊急會議、矯正錯誤，或是完成比預期還要久的工作。不論你是否在行程表上預留時間給上述事項，但我可以保證這些事情一定會發生。

所謂 85% 原則（85 Percent Rule），就是在規畫階段裡，只把團隊的工作量排到 85%。

遵循此項原則，若每天工作八小時，應該規畫少於七個小時的工作量。要是突然有急事（避免不掉的），團隊就有足夠的空

間來處理，同時不會影響原本的工作進度。

當然，運用 85% 原則可能還是會有人的工作進度落後，原因就是認定團隊有一段空閒的工作時間，這也是為什麼我們要問問以下幾個問題。

## 這份時程表與團隊或組織的優先事項時程表的關係為何？

無論是個人的私生活安排，還是團隊專案計畫（影響會放大），我們在規畫時，常常以為這是我們手上唯一的任務。因此，估算需要花多少時間才能完成工作時，忘記了手上還有其他得做的事情。

時程表可能看起來很棒、沒有問題，但等到自己想起團隊還有其他優先工作時，狀況就不同了，而這所謂的優先工作未必是指大型的策略專案。其實，多數陷入困境的團隊都是忘記每週有多少重複的例行工作，又低估緊急事務得花費自己多少心思。

其實，若你的情況跟我合作過的多數團隊一樣，你可能會把 50〜60% 的時間花在例行專案上。如果一個新專案需要團隊 50% 的時間，就不得不移除手上的部分工作，如此新專案才不會變成另一個策略、例行、緊急三方僵局（strategic-routine-urgent logjam），這點我們稍後會討論。

## 進度里程碑是否夠清楚，讓成員知道怎樣才算完工？

優秀的專案經理都知道，就算有進度里程碑或是完成日期，

但不清楚「完工」是什麼意思的話，專案進展就會不穩定。某位成員可能認為自己完成工作了，但工作交接後，接棒成員卻回頭表示：「你的部分還沒做完。」

這種情況往往不是因為能力不足無法完成，大多是因為不清楚要完成哪些工作，或是要達到哪些目標。

### 有哪些事情需要設定明確的關鍵日期和進度里程碑？

為了讓團隊乃至整個組織，皆能保有進度，可在時程表裡加入傳達溝通提醒（communication trigger）。這份工作通常落在團隊負責溝通協調的角色身上，這部分我們會在協作章節裡進一步探討。

計畫納入更新的節奏，有助保持工作正常進行，同時減少團隊成員與關鍵人員的情緒負擔和擔憂，因為這些人可能想知道現在的狀況。

有的時候，專案陷入挫敗循環裡，此時團隊花在解釋現況的時間，已超過推動專案的時間。只要成員愈能事先向關鍵人員清楚溝通進度里程碑，成員就愈能夠不被打擾、專心工作，省去解釋現況的時間。

當有人詢問進度更新時，團隊很難不做出非防禦性的回應。就算計畫沒有出現任何差錯，成員也會收到更新詢問，原因是提問者未被納入平時的溝通群組裡。

舉個例子，我的團隊知道如果我大約兩週沒有聽到有關某個專案的消息，我就會開口詢問。團隊也知道，除非是即將發表的高優先專案，否則沒有必要每天報告。不過，要是有好一段時間沒有聽到任何進展，我就會追問狀況，因為我知道如果自己在意專案是否能夠完成，就不能減低關切熱度。

　　假使團隊每週五進行溝通討論，但到了週一我仍未收到進度報告，我就會開始擔心。不過，要是團隊週五有討論，然後告訴我：「因為發生了這些和那些事，所以我們會改在週一或週二再給你進度。」這樣就沒什麼問題了。

　　說到時程表，太多人低估了傳達溝通的里程碑與節奏必須相互搭配，同時不能過分執著地追著每一項任務。

---

## ｜火箭練習｜制定更好的時程表

- 藉由詢問自己下列幾個關於時程表的問題，檢視團隊是如何建立、分享時程表的：

  1. 有哪些人員需要查看時程表？上述人員看到的內容需要詳細到什麼程度？

  2. 時程表是否充分考慮了重工空間和偷懶時間？

  3. 手上的時程表，與團隊或組織的優先事項時程表的關係為何？

4. 進度里程碑是否夠清楚，讓團隊知道怎樣才算是完工？

5. 有哪些事情需要設定明確的關鍵日期和進度里程碑？

- 團隊的時程表習慣中，需要添加哪個元素，以利團隊在專案上保持方向一致的能力產生顯著差異？另一方面，又需要刪去哪個主要元素，才能保持方向一致？

- 過往的計畫與時程表紀錄存放在何處？團隊制定新時程表時，為了更清楚時程表需要做哪些安排，所以需要取得過往的資料來參考。

---

## 避開策略、例行、緊急的三方僵局

團隊是否陷入了策略、例行、緊急工作間的三方僵局？

- **策略工作**：對於組織的重要目標或議題，具有促進作用的長期工作。
- **例行工作**：定期出現的工作任務，如週報。
- **緊急工作**：具有時間敏感性的重要任務。

當緊急工作變成一種標準日常，而策略工作只能擱置一旁時，僵局就發生了。我們開始在解決緊急工作和處理例行工作之間搖擺不定，同時要在下一件緊急工作出現前喘口氣。策略工作

並不像緊急工作和例行工作那樣具有時間敏感度，也就是說事情變緊急之前都不會有人處理。下列有數種有助於減少僵局發生的準則。

## 三分之一與三分之二準則

之所以出現 Crisco 西瓜（參見第三章），或是需要發揮敦克爾克精神（第五章），原因不外乎就是沒有制定好的計畫，或是花太多時間制定過於詳盡、嚴苛的計畫，以至於團隊沒有足夠的時間與彈性付諸執行。這看起來似乎沒什麼大不了，但當計畫沒有迅速完成時，原本需要二到三週的工作時間，可能倉促行事縮短成二到三天。

若是提供團隊足夠的時間與彈性，成員就不必為了完成新專案而全面放下手邊工作，避免發生下游擾亂（downstream disruption）的情況，打亂團隊手邊的其他專案，也能減少策略、例行、緊急三方僵局的發生。

此時，三分之一與三分之二準則就可以派上用場，也就是花三分之一的時間規畫，另外留下三分之二的時間讓團隊完成專案。假使是本季季末要完成的專案，規畫階段應短於一個月；若是整體時程有九個月，那麼三個月內應該完成專案規畫。

通常堅持執行計畫的其中一個原因是，我們擔心中途修改的話，團隊成員會不高興。不過，比起趕在最後一刻匆忙完成工

作，多數人寧願接受調整修改，而可以有多一點的工作時間。

## 承諾與完成的比率

承諾與完成的比率是非常簡單的概念，但效果非常強大：針對承諾的付出，完成了多少？

假設比率為 50%，這表示團隊接下專案時，成員基本上知道成功率是一半一半。這樣的比率可能打擊團隊士氣，成員也很難承諾付出必要的時間與資源進行規畫。

要是比率落在 70～80% 之間，感覺還不錯。做為團隊，我們了解隨時會出現挑戰與難題，優先順序也不斷在改變，另外還有緊急任務、VUCA 環境等毫不受控的狀況。不過，至少我們相信自己有能力把專案一路推向終點。

以書面上來看，100%的承諾完成率很不錯，但其實說明了團隊表現低於實際能力的程度。

如同前一章目標設定討論過的，只挑選團隊能夠勝任且實現的專案，其實是在打安全牌。完全不具開創性，也不能徹底發掘成員潛在才能，更意味著成員可能不會因為手上的工作而有活力和滿足感。

當然，若你是醫生或 NASA 太空工程師、軍事指揮官等，顯然大家會希望你的成功率逼近 100%。然而，對於其他職業來說，由於人命沒有掌握在我們手上，所以承諾與完成比率的最佳

區間落在 70～80%。在此範圍內，團隊會感到有信心解決具有挑戰性的困難工作，進而邁向成功。如此便可提升歸屬感和融洽的關係，也能增長成員能力，願意選擇更為大膽的目標。

為了運用這個比率，可以開始跟進團隊此時此刻已承諾接下的專案。我會建議跟進一週或是時間更長的專案，一個月過後，再來查看團隊完成了幾個。

揭露比率之前，可以讓團隊成員先猜猜看。答對答錯不重要，因為另有其目的（讓成員私下提交猜測的比率數字可能比較好），也就是了解成員對於自身成功率的看法。

下一步，把承諾與完成比率做為跳板，讓成員反思實際狀況，分享認為哪些專案難以達成，也就是展開「事前驗屍」（premortem，編按：事先預測一個計畫的缺點）的對話。有助團隊了解某些專案比較容易感到困難或容易的原因，是因為專案比大家想的複雜嗎？是否與團隊沒有具備核心能力有關？考量到其他工作，這種案子的優先順序經常被排到後面？其實是團隊不想做的案子，所以需要額外的動力才有可能完成？

愈常舉行事前驗屍的討論，團隊愈能明白哪些專案需要投入更多心思，以及承諾為專案提供足夠的資源能力。

承諾與完成比率，並不是團隊遇到高難度專案時打退堂鼓的藉口。了解團隊的承諾與完成比率，等於是給予成員溝通語言與工具，反思重大專案的實際現況，如此團隊便能承諾投入必要資

源來完成工作。

## 3×準則

策略、例行、緊急三方僵局中，以策略最難確立。策略工作很難有明確的時程表，有時結果如何也很難說。即使自己認為一開始已經知道這項專案會有多困難，但幾乎每次策略工作都比想像中更難、更耗時、更複雜。

畢竟，要是策略工作容易的話，早就已經實現了。

有些相當棘手的商業問題，需要很長時間才能解決，因為此類問題具有多個面向，要顧慮的點也很多。這也是為什麼我會請客戶採用 3×準則：**預設策略工作的強度會是起初設想的三倍。**

規畫較大型的專案時，雖然預先想好所需的時間，但最後要給自己與團隊的時間得是預想的三倍。如此更能精確反映實際需要付出的努力，讓大家有餘力把策略工作做得更好，而不是在緊迫的時間內交付任務。

## 五專案原則

最後一個規畫工具是五專案原則，言下之意就是同時間裡（日、週、月、季、年）不要超過五個專案。若訓練對象是個人，通常我會表示：這五個專案裡，只有三個可以與工作有關，剩餘兩個應該是關於生活的專案。套用到團隊，可以把「生活」專案想成會議或行政管理方面的工作。

開始思索這三個與工作有關的專案，與策略、例行、緊急三方僵局的關係時，事情就變得棘手了。理想情況是其中有個專案是例行或經常性工作，像是 Productive Flourishing 每年八月會推出開學與上班族收假的活動，所以每當八月到來，大家無庸置疑地清楚了解得完成這個特別的活動。儘管每年活動可能有些不同，但我們都知道會有這些活動，也會規畫進年度計畫裡。

　　著手寫這本書的那年八月，我們團隊也準備推出 Momentum APP，這可是大活動，占用團隊不少時間，同時打算更換電子郵件行銷系統。團隊成員心裡都清楚，行銷系統必須趕緊完成更新，因為我們的原則就是不要在產品上線之前更換系統（若你有過類似的行銷經歷，就很清楚該原則非常必要）。

　　這段期間，PF 團隊手上在處理的三個大型專案，其中一個是例行專案，另外兩個是緊急專案。那麼，策略工作在哪裡呢？就落在為 Momentum APP 規畫制定新功能藍圖，以及開發下一個產品——《團隊好習慣》，當時我希望未來的你會拿起這本書閱讀。

　　我們要做的是權衡利弊得失，跟所有專案和平共處。要做到這一點，團隊就需要針對彼此手上的工作好好溝通，了解為何可以或是無法接下新專案，或者確認可在移除哪項工作後承接新的工作。

　　PF 團隊的作法是在規畫階段，為專案來一場「鐵籠格鬥賽」

（cage match）：

- **條列**所有專案（別忘了重複性和例行專案，也都需要時間、精力、關注才能完成）。
- **比較**各個專案之間的相對優勢與影響力，移除顯然無法達陣的專案。
- **選擇**看起來很強的專案，並與其他專案比較，這個專案可以打敗哪些專案？但會被哪些專案打敗？
- **打亂之後重新來過**，直到團隊大致了解各個專案的強弱順序。
- **評估**找出是哪些原因讓專案看起來強大，從排在最前面的專案開始，然後往下逐一探究。

　　不論是小企業還是大公司，專案的鐵籠格鬥賽裡，通常淘汰掉的選項就是重複性工作。大家普遍知道該如何更有效率，以便讓雙手挪出空間。成員能夠站出來說：「這件事情我們做不來。可以移除什麼工作，好讓我們能夠完成這件事呢？」這個舉動可是需要十足的勇氣！

　　就算過去六年以來，團隊都有完成某項例行工作，並不表示今天也得做這項工作。

## ｜火箭練習｜打破僵局

- 依據目標完成日期，為規畫階段設定完成日期，但花費的時間不要超過整體專案期間的三分之一。詢問團隊，最少需要哪些資訊才能開始執行專案？以及，計畫的其餘內容應於何時提供，該用什麼方式溝通傳達？

- 估算承諾與完成比率，養成於新專案出現之際，進行事前驗屍的討論習慣。團隊面對某類專案時，是否容易出現難以應對的情況？或者需要投入更多心力才能完成專案？

- 團隊行程表裡，是否有足夠的空間從事策略性質工作？還是說已填滿緊急工作與重複性工作？查看團隊全部的日常任務與專案，並詢問下列問題：

  1. 能否移除某些專案？移除掉的話，是否會帶來差異？

  2. 能否繼續刻意延遲例行工作，但不會釀成緊急事件或是傷害組織策略？

  3. 能否把工作外包，或是交給別的團隊或部門處理？

  4. 能否以更聰明、更高效率的方式完成此項任務？

## 歡迎說「不」

　　沒有人喜歡被拒絕，特別是熱衷提出宏偉計畫的前瞻、創意

型人物，更是不喜歡被拒絕。當動腦會議順利進行，大家興致都很高昂時，團隊最不想遇到的就是有人舉手表示：「我知道大家現在在心情很亢奮，但有個理由說明這是行不通的。」

團隊的規畫會議裡，「說不」是至關重要的環節。或許，聽到時會感到掃興，但我們應該歡迎說「不」。因為每個計畫本來就會有所局限，所以需要真正相信這份計畫且願意指出缺陷與不足的成員。

這一點正是我很感謝當年軍事訓練的原因，軍隊裡有些人的工作本來就是要在計畫裡挑毛病，好讓計畫發展更為健全。他們的工作就是指出：「這樣好歸好，但要是發生那個或這個的話呢？我們得模擬一下情境才行！」這就是「說不」的功用。

這裡談的可不是魔鬼代言人（devil's advocate，譯按：指唱反調的人），魔鬼不需要更多代言人了。我們談的是每個團隊確實需要「說不」的聲音，他的工作便是：詢問範疇潛變（scope creep，譯按：意指專案出現不受控的情況），詢問團隊是否真的需要對計畫進行補充，詢問時程表是否實際可行，以及改變優先順序的相關事宜。

其實，我比較想看成是某位成員戴上「說不」的帽子，而不是某位成員老是出聲「說不」。團隊裡，大家應該輪流扮演「說不」的角色。如此一來，當輪到你「說不」時，就能了解這得付出多少心力，也能明白看到自己信任的大家對專案如此興奮之

際，自己卻要鼓起勇氣表示：「我聽到大家的想法了，但讓我們放慢一下腳步，先來想想幾件事情。」

「說不」的成員，不一定要像《小熊維尼》裡的小毛驢屹耳（Eeyore）那樣悲觀、陰鬱。反之，他們可以是外向的，對專案同樣感到激昂，而且願意出聲提出棘手的問題，如：「我們做出的承諾似乎過頭了，該放棄什麼才能實現目標呢？」

身為策略顧問和高階主管的教練，我經常負責「說不」。

愛德華・狄波諾（Edward de Bono）在著作《六頂思考帽》（*Six Thinking Hats*）[18] 中指出，黑帽（用於點出風險、困難、問題點）可能是最強大的帽子。黑帽不代表厄運、毀滅，而是從人類危機感與生存本能的感知所演化而來。「黑帽是西方文明的基礎，」狄波諾如此寫道，「因為黑帽是批判性思考的根基。」

我之所以使用「說不」這個詞，是希望所有人可以改變對「不」這個字的效價（valence）。這並非不好的字，反而應該用來確認重要的事情，以及肯定我們的價值觀與優先事項。

正如哈佛商學院教授麥可・波特（Michael Porter）所說：「策略的本質是決定什麼事情不要做。」[19]

「說不」可以讓團隊的資源、優先事項、策略、歸屬感等各方面，獲得很棒的成績。也就是說，我們要支持、歡迎「說不」，同時傳遞這股能量，好讓每個人感覺被賦予站出來表達的勇氣。

請注意，「說不」也可用於目標設定，非常實用。明年業績變三倍務實嗎？按照這個時程表，要推出所有新產品，以我們的能力來說可行嗎？上述問題都可以透過「說不」的方式提問。

---

## ｜火箭練習｜指派「說不」的人

- 規畫過程裡，是否有團隊成員常常站出來「說不」？如何扭轉改變這類棘手問題的提問方式，以及團隊收下回饋的方式？怎麼做團隊更能展現讚賞「說不」成員的貢獻呢？
- 團隊可以做什麼改變，好讓更多人有機會在發現潛在問題時站出來表達看法？

---

## 計畫本來就會改變，這很正常

有些人的心態會認為，制定好計畫時，等於刻在石頭上，不會改變了。這或許是個性使然，所以講求嚴謹與具體，或是不相信團隊能夠獨立思考所致。

其實，開始規畫時，多數計畫幾乎已經過時，因為會跑出新的資訊和優先事項，而且也會發展新的條件。如果因為想要完美計畫，導致規畫過程過於冗長，會造成兩個問題。第一，由於耽誤了時間，所以計畫制定完成時，許多條件情況都已改變。第

二，引發沉沒成本謬誤（sunk cost fallacy），即因為在計畫上投注非常多時間，所以更不願意接受改變。

結果證明，多數的領域裡，最棒的規畫者就是最常改變計畫內容的人。比起把計畫當成指導手冊，團隊把計畫當作指導方針使用的話，效果通常更好。

第二章我提到軍方是藉由行動收集資訊，也就是付諸執行、觀察會發生什麼事情。勝出的團隊接受的觀念，往往就是放手去做、觀察情況、順應變更計畫。

聽起來似乎與上一章的建議相衝突，因為前一章談到要全程堅守目標，別不斷變更目標。事實上，這並無衝突，因為在專案過程中調整計畫正是為了達成目標。

調適規畫（adaptive planning）並不像許多極端的規畫者認為是一種浪費，一旦接受計畫本來就會改變的心態，具有下列幾點好處：

- 打破過度計畫的迴圈，不斷召開會議為的就是打造更詳細的計畫，但下次開會時，上次開會制訂的計畫就已經過時了。
- 避免非必要工作，因為團隊學會適應新條件，不再只是無腦遵從計畫。
- 由於被迫獨立思考與相互合作，團隊更能學習適應性溝通

和即時協作（real-time collaboration）。

- 幫助團隊學習辨識基本指導原則，不再被無關緊要的數據分散了注意力。

　　理想情況下，計畫應該由上而下設計成具適應性。計畫最上層包括指導性資訊與範疇，細節不多，而計畫的管理層會加入更多穩健和指導內容。到了最下層的個人貢獻者，資訊量最為密集，因為他們負責的是基層工作。

　　但現實往往相反。計畫的高層包含太多資訊，沒有空間讓管理者或個人貢獻者發表意見，提供如何好好執行的想法與意見。最上層的計畫除了過於龐大且難以遵循，資訊往往也是錯的，因為制定計畫者並不是實際做事的人。

　　在某些情況與產業裡，確實需要從上到下過度設計的計畫內容。若你是 NASA 工程師、或在設計醫療儀器、還是建造橋梁的土木工程師，可能就需要許多不同的書籍，以及涵蓋各種應用設想的治理說明書。然而，多數人所處的環境，大多可接受不會釀成重大災難的誤差空間，因此我們的團隊大可多多獨立思考。

## 專案狀態計分卡

　　跟進計畫變化的方法之一；使用計分卡標示專案的進度里程碑，可使用專案管理軟體工具或是試算表裡的標籤功能。

- **綠色**：專案進度良好，保持在範圍之內，或是已完成。
- **黃色**：專案進度仍在可接受的範圍內，但需稍加留心。
- **紅色**：專案沒有跟上進度，或是遇到待解的障礙。

　　紅色表示出現問題，大家得共同努力解決問題才行。然而許多時候，團隊設置的計分卡機制是任何人都不能使用紅色，因為紅色表示問題很大，點出問題的成員會因此受到抨擊。

　　如果我們抱持著本書一開始對成員們的假設——我們本性都是以目標為導向、在意人際關係、想要完成工作且會盡全力為之。那麼，我們也可以假設，當有成員翻了張紅卡，表示他可能已經盡了最大努力推動專案，耗盡成員的團隊資源或精神資源，所以現在是時候大家敞開討論，看看團隊可以如何提供協助或是解決問題。

　　在談論目標設定的章節裡，我們談到不給失敗留空間的團隊文化，會讓團隊更難取得真正的成功。同樣地，團隊文化裡若成員翻紅卡就會被議論或是被罵到臭頭，那麼計分卡機制就沒什麼意義了。而且若到了為時已晚，問題才浮出檯面，屆時就更難解決了。

## ｜火箭練習｜打造更為靈活的計畫

- 若你正在苦惱該如何放棄頑固的計畫，可以想想計畫的主要大結構。有哪些像是圍欄一樣不可以移除，必須鎖在計畫的最上層？有哪些管理層的指導內容，有助保持專案進度、順利完成專案？另外在執行層面上，需要增添哪些技術細節——更有可能的情況是刪除哪些內容——以利負責執行的成員擁有自主權，不會感到綁手綁腳？

- 如何標示計畫進度是否良好？可以做什麼改變，以利成員更能接受黃卡、紅卡，以及尋求協助？

## 第六章　重點

### CHAPTER 6 TAKEAWAYS

- 規畫應該是每位成員的工作，培養團隊習慣，以利訓練每位成員的規畫技能。
- 計畫包括以下內容：
  - **目標**：試圖實現的特定目標。
  - **時程**：為執行計畫而定下的時間軸。
  - **成員**：為完成計畫而特意指派的合適人員。
  - **承諾**：承諾會分享、討論、更新計畫。
- 為避免策略、例行、緊急三方僵局，可遵循三分之一與三分之二準則、3×準則、五專案原則，以及承諾與完成的比率。
- 每個團隊都需要「說不」的聲音，因為希望計畫成功，所以提出棘手的問題。
- 計畫本來就會改；接受計畫會適應改變之後，就愈能準備好面對無可避免的問題與挑戰。

# 溝通，調整至恰到好處

「資訊」（information）和「溝通」（communication），
這兩個字經常被拿來交互使用，然而他們的意思相當不同。
資訊是直接給出去，溝通是理解與傳遞。
——西德尼・哈里斯（Sydney J. Harris）

　　開車時，收音機傳來一首好歌，你會伸手把音量調大。車上的伴侶或朋友想聊天時，你會把音量調低。低音不足？還是高音太多？總之，幾個簡單的調整就可以讓立體音響達到完美狀態，讓音樂（或 podcast）聽起來更舒服，車子開起來更順手——無論是為期一週的自駕遊，或者只是開車出門買菜。

　　團隊的溝通也是同樣狀況，可藉由調整達到最理想的清晰理解程度。

　　多數團隊溝通時，往往會掉入幾種常見的狀況。溝通太多且

都朝著同個方向，製造一大堆沒必要的噪音；溝通太少，釀成混淆不清的狀態。可以試著把這些狀況想成汽車音響的音量、淡入淡出、平衡、等化器等功能。檢視團隊下列幾種溝通情況時，請務必記得：其實就跟汽車音響一樣，藉由調整不同的設定，才能達到最理想的音質。

## 溝通過於頻繁，還是太少？

注意力是團隊成員的寶貴資源，若過於頻繁溝通，成員消耗太多注意力，便會覺得不值得花費這樣的時間，迫使成員們做出浮士德交易（Faustian bargain，譯按：比喻出賣永恆價值換取短期利益）的現象：成員清楚每封有著可怕長串副本收件人的郵件內容嗎？有看每一則 Slack 通知嗎？還是直接略過訊息更新，專注在他們最重要的工作上？

多數人認為，只要自己交出最棒的工作成果，就能彌補沒有百分之百掌握的情況。也有不少人有過親身慘痛經驗，發現就算隨時掌握資訊了，但若沒有完成工作，也不足以讓自己保住工作。我傾向讓成員做自己最重要的工作，但在某些組織裡，不管你擔任什麼職務，不了解情況可能成為績效報告的理由。

另一方面，團隊可能是溝通太少，成員老是搞不清楚自己是否擁有最新資訊。有個好方法可以評估團隊是否太少溝通：查看有多少次團隊的溝通請求，是因為成員需要更新資訊。如果團隊

的溝通「頻率」設定恰當，成員與主管就不必花費精力持續追蹤資訊發展，或是瀏覽堆積如山的電子郵件和通知，尋找重要的資訊內容。

## 細節太多，還是太少？

要是把「細節程度」設定太高，通常會出現兩種情況。一方面，引發規定成員該如何工作的風險，局限成員展現能力，大家只能照著要求的內容進行，無法隨心所欲，這可能讓工作變得無趣，或是讓團隊士氣變低落，認為自己沒有自主權完成工作。另一方面，大量的文字與細節說明，有些人可能會直接忽略，因為成員沒有時間從長篇大論的文字，或是三十分鐘滔滔不絕的演說中，篩選出與自己相關的資訊內容，乾脆自行判斷，直接忽略架設範圍。

坦白說，這也是身為領導者的我感到困難之處。我喜歡提供團隊成員不同選項的解決辦法：一個是預設的習慣作法，如果起不了作用，成員可以嘗試其他二到三種替代方法。

若你曾與我工作一段時間，就會明白我給你的一串選項，目的是幫助你找到自己的方式解決問題。若你剛加入我的團隊，在收到一長串文字時，心裡可能會想：「喔，這下我真不知道該怎麼做了，因為查理給了我三個不同的方向。」其實，我也得強迫自己搞清楚哪些細節具有優先性。

相反地，則是溝通細節太少，有遠見的領導人和資深經理人在這方面的表現尤其糟糕。因為他們談著願景與使命，但團隊真正需要的是範圍與細節。他們本能地構思未來三年的團隊走向，但團隊成員只想釐清下週的優先事項而已。

　　溝通的細節太少，看起來就很像是太少溝通。有個區分的方法：如果團隊成員一直覺得在狀況外，或總是在做上週或上個月的計畫，可能就是因為計畫更新的溝通太少所致。但，如果團隊老是做出不好的決策，可能是因為沒有足夠的資訊細節做出嚴謹的決策。

## 過於聚焦，還是過於廣泛？

　　察覺到自己的溝通過於聚焦或廣泛是門學問，其實就是要了解待解決問題的層級。有句話是這麼說的：「在地問題不要端出全球解決方案。」有些議題的影響範疇很廣，就該在所屬的層級解決問題，而不是聚焦查看所有冒出來的特定情況。此外，有些議題屬於地方性，若是依據某個地方性問題，打造通用準則，或是改變政策影響到所有人，那就大錯特錯了。

　　過於聚焦的情況，就是指資深經理人試圖解決艱深的技術性問題。經理人不應把時間或精力花在如此明確具體的事務上，應把精力用來解決更為全面的問題，這種聚焦層級的溝通留給實際動手的人員就可以。

另一方面，溝通過於廣泛，表示每當有人提出特定議題，都會給出模糊、籠統的意見。

調整過於聚焦或過於廣泛的狀態，等於是歡迎團隊成員，不用管自己擔任什麼樣的職務角色，都可以詢問此刻要解決的問題層級為何。我們是在為一次性問題，提出通用的解決方案？還是，由於短視的聚焦，團隊疏忽了這範圍廣泛的情況其實是個全球議題？

## 太害怕，還是太勇敢？

有太多的團隊和組織發展出成員有話不敢明講的溝通模式，導致團隊在認知、情緒與群體互動上，增添額外負擔。為什麼會這樣呢？因為即使有最棒的團隊文化，說真話也是需要勇氣的，而不健康的團隊文化根本直接壓抑真話。

舉個常見例子，我們總是要鼓起很大的勇氣才敢開口：「我知道大家都很期待這個專案，但我不確定我們是否有足夠的資源達成目標。」因此，當團隊成員有顧慮時，可以試探性地詢問：「我們是否有考慮到達成目標需要哪些資源？」

這樣做的目的，通常是在歡迎、邀請大家展開對話，所以絕對可以做到。不過，大家很容易裝傻帶過。可是，不直搗問題點就無法指引團隊進行建設性對話，迂迴的作法只會大大加重團隊的工作量，因為大家還得花力氣釐清到底問了什麼問題。

正如我的好友陶德‧薩特斯坦（Todd Sattersten），在某次專題演講〈釐清需要勇氣〉[20] 中所說：「落入過於害怕的困境時，我們很難做到可以讓團隊繼續往前的清晰溝通。」

若我們繼續用調整車內音響效果的比喻，一定會有個「太勇敢」的設定，對吧？答案是有可能，但有太多人、團隊、公司文化都是犯了太害怕的錯誤，所以我幾乎不曾看過勇氣鍵調到 11（相當高）的情況。

當然，因害怕而起的溝通，有時會偽裝成太勇敢。有些團隊會培養出有害的習慣，以坦誠對話做為幌子，實際上是拿著刀相互廝殺。真正的開誠布公是人人敞開心胸、說出心底的話，相較於大吐不滿、大肆傷人卻又硬說是「勇敢對話」，兩者之間是有差異的。後者是建立在害怕的情緒上，採取的不是防衛，而是出招反擊。

小筆記：在非良性的團隊文化裡，設定有可能調到「太勇敢」，此時放膽表達意見可能會面臨紀律處分，甚至失去工作。若是如此，可能得先解決團隊尚未浮出檯面的歸屬感議題，才能培養有益團隊健康的溝通習慣。

---

│ **火箭練習** │ **調整設定**

完善溝通的目標就是清晰度。知道目標後，可依此做為指導

方針，看看是要拉或推哪條軸線，才能調整至恰到好處的溝通模式，以利持續推動團隊前進。

調整團隊的溝通設定：

- 檢視團隊的溝通程度，是過於頻繁，還是溝通太少？可以增添或是刪除哪些團隊習慣，好讓溝通模式達到恰到好處的程度？

- 記住了，當團隊在努力改善彼此的合作方式時，得不斷調整這些設定。以前會遇到資訊太多的情況，但可能因為培養了其他更有效率的習慣，共享更多的前因背景，演變成資訊過多的狀況。因此，可以設定每季或是每半年，重新審視團隊的溝通模式。

---

強效溝通，在於持續不斷調整各項設定，同時彈性面對各種變化。

## 找出現在需要溝通的是哪些內容

設定恰當的頻率、細節、聚焦點和勇氣後，還需要知道此刻需要溝通傳達哪些資訊？而哪些資訊可以緩緩？以及資訊變動時，該如何更新內容？

溝通之所以演變成總是「現在、立刻」，其中一個原因是擁有資訊者想要分享，而非團隊有知道這些資訊的需求。

握有資訊的人想要把資訊從腦袋瓜裡搬移出來，原因是擔心

自己沒講出來就會忘記，然後想繼續做其他事。此時為了丟出資訊，就會有打斷他人的衝動，一不小心就會影響到其他成員，要求大家當下回應，可是這件事情明明晚一點討論就可以了。

取而代之的作法條列如下：

- 把想法寫成草稿。
- 把草稿轉換為有結構的訊息，附上主題或主旨。
- 在主題內標示團隊商討出來的短碼（本章後續會討論），說明項目的時效性。
- 清楚說明所需採取的行動，誰需要做什麼？追求的成果是什麼？何時需要完成？

當然，有些人的主要工作就是支援那些想要分享想法的人，好讓他們能繼續完成原本的工作。這些「現下捕手」（Now Catchers）可能是高階主管助理、接待人員，或是即時營運（real-time operations）經理，他們扮演的角色就是接收、處理資訊，並把資訊歸放於合適的位置，以便團隊其他成員接續處理。

為了讓溝通管道訊號保持滿格狀態，隨時準備接收重大更新，其他不重要的資訊與嘮叨得找其他地方安置才行。

那要如何知道現在需要溝通什麼？以及什麼資訊可以緩一緩？

現在就得溝通的資訊：

- 重要的優先順序轉移更動。

- 影響團隊成員兩、三天內工作的狀態更新。

- 用來移除團隊面臨的阻礙或瓶頸之追加資源。

- 原本認為某位成員可以承擔，但後來發現他已無力負荷的重大改變。

- 計畫書寫明了應該溝通的事項。

- 可能影響成員準備要在會議上討論的重大更新或是資訊變更（有些人開會前的確需要做些準備）。

可以緩一緩的資訊：

- 不屬於上述類別的資訊，全都可以晚一點溝通，可以每週定期更新、等到開會時，或發布在專案頻道，又或是團隊認定該類資訊應歸屬的地方。

---

## ｜火箭練習｜溝通的節奏

為了能針對資訊溝通培養更好的團隊習慣，可以問問自己下列幾個問題：

**這個專案、任務或事項的適切溝通節奏為何？**

若團隊每週或每月都會更新，這份資訊是否還需要不同的溝

通節奏？有個方法可以找到答案，觀察原本每週或每月會議更新的資訊，成員有多常另外要求更新，若成員希望每日更新，可能每天都要召開晨會聚焦該項資訊進行討論。

反過來說，觀察每日或每週的報告或會議裡，哪些資訊從未真正討論或使用，這些資訊或許可以改成每月更新的形式，甚至不需要納入開會討論議題，只要放在每月團隊摘要報告即可。

## 誰真的需要知道這些資訊，原因為何？

若不清楚，可聽從知情人員的想法。如同稍後在協作章節裡討論的，必須確保每位成員盡所能地了解團隊現有工作的每個面向，這點非常重要！

儘管資訊一般會分享在大家都可以取得的地方，但務必清楚點明誰需要讀取該份資訊、執行什麼任務。不然，結局就是更新了資訊，但大家都擱在一旁，轉頭處理更優先的工作。（記住了，「某人」其實什麼事都不做！）

## 是否需要就此份資訊展開對話討論，還是確認已讀就好？

若只是想知道大家有看到這份資訊，就清楚表明給個讚就好（在 Slack、Twist〔編按：團隊工作溝通系統〕等平臺上都很容易做到），完全不需要回應或採取任何行動。但是，若這份資訊確實需要大家討論，就要清楚說明討論的時間點與形式。

## 打造清楚明瞭的溝通

至此我們已討論，如何增加溝通節奏與改善溝通流程，可讓團隊所有成員工作起來更輕鬆。現在，我們就來談談如何打造每個溝通區塊，以利達到最理想的清楚溝通程度。良好的溝通，應具備主動、預防與簡潔。

### 主動

主動就是讓成員清楚現況，不用被逼到出面要求提出更新資訊。不要等到團隊成員或主管跑來詢問專案進度現況，而是反過來設身處地預估大家何時急著尋求答案，盡量提前提供所需資訊。主動溝通就是採取主動性，可避免產生必須追出新資訊的情緒焦慮與壓力。

### 預防

預防溝通在於思考大家心裡針對溝通事項可能浮現的問題，並試圖在問題提出之前就提供解答。

舉個活動策畫的例子，當你收到一封電子郵件，信件通知下週團隊要去烤肉，心中自然會冒出一些疑問，這些疑問都是預先可以設想到的：

- 什麼時候？
- 在哪裡？

- 有規定服裝嗎？
- 是否可攜伴和帶家人出席？
- 我需要帶什麼東西？

所以，我的目標就是寄出這封邀請信之前，先考量受邀人員想知道的資訊，並且事先寫在信中。如此一來，可避免有人跑來問問題。

首先，我不會讓客人煩惱要穿什麼衣服、想著是否得先吃點東西，或是斟酌幾點出現才好。其二，要是有七個人問了上述問題，我也替自己省下不少時間。

此外，預防溝通是確保每位成員對前提背景有相同程度的了解，潛移默化下，提高團隊的歸屬感。

幾年前，我擔任一場活動的司儀。當時我告訴主辦人，自己打算快速地向聽眾說明洗手間與餐點放置地點，以及現場的無障礙設施。

可是主辦人卻跟我說：「查理，我們找你來，可不是為了告訴大家廁所在哪裡。大家會自己想辦法。」

不過我回覆主辦人，身為司儀的我，任務就是讓大家感覺自在，趕緊坐定下來，所以我希望問題被提出來之前先給答案。我可沒那麼自負，認為得由我來告訴大家廁所在哪裡。

主動、預防的溝通方式，可減輕溝通對象的情緒壓力。知道

休息室在哪，聽起來好像不是件大事，但如果你是位新手媽媽，必須利用休息時間擠奶的話，得到資訊當下的心情會是如何呢？說明餐點放置地點，聽起來似乎同樣不大重要，但若你從另一場會議趕過來，清楚自己不吃點東西很難專心的話，此刻的心情又會是如何呢？還有，聽眾席裡或許只有一、兩個人需要知道無障礙設施的資訊，但直接點明，可以讓需要的人感覺自己就跟其他人一樣，歸屬這場活動。

預防溝通可確保每位成員都在相同的前提背景下工作，讓大家感到輕鬆自在，同時提供空間讓大家在工作上全然做自己，更能投入工作。

回到團隊烤肉的例子，若你已加入團隊好多年，或許你不需要被明確告知該如何穿著。但如果有新成員，新人可能不清楚團隊社交的習慣，不知道是否會有猶太飲食或是素食的選項，以及是否歡迎兒童？活動是否準時在下午五點開始，還是大家都習慣晚點到呢？

## 簡潔

前面說明了遞送專案更新資訊時，要主動、預防性回答團隊成員可能遇到的問題，而理想情況是還要採取簡潔的方式。

在美國主流商業文化中，簡潔可能被當成是粗魯、沒有禮貌，而較長版面的溝通則更人性化、更平易近人，甚至更真實。

不過，單純工作上的溝通要是添加毫無意義的贅言，對接收者來說其實相當不友好。

多數人都發自內心關心成員的表現，而且我們都知道大家跟自己一樣，已淹沒在溝通資訊的茫茫大海中。

做到簡潔，就是對成員展現十足的友好。簡潔、主動、預防溝通，可讓資訊更易閱讀、理解、回應，進而成為收件匣裡能快速處理的郵件，以便趕緊回到真正的工作上。

有機會達成簡潔溝通的前提，是在資訊背景不多的情況下，不過仍需一番練習。

- **五句話準則**。電子郵件回覆內容，限制在五句話之內，如此一來可迫使思緒更加簡潔、聚焦。好處就是簡短的電子郵件較易回應，也會提高收到回信的可能性。
- **刪去三分之一**。在每次溝通信件裡，練習刪去原本習慣使用的三分之一文字量。
- **能快速掃描**。溝通內容繁多時，請善用編號清單、清單符號、子標題，以便能夠快速掃瞄內容。
- **簡易單字取代複雜術語**。許多冗長的單字會讓我們看起來很厲害，但其實可以使用單音節或雙音節的同義字，更易於理解、表達，讓更多人聽懂，如：「use」（使用）可取代「utilize」（取用）。

若擔心自己的溝通方式讓人留下草率、粗魯的印象，大可告訴每個人自己特別採取簡潔的溝通方式。

注意：若是有關歸屬感和建立關係的內容，像是詢問團隊成員週末過得如何，或是想看看自己是否可協助成員解決某個私人問題的情況下，無須採取簡潔的溝通方式。也就是說，給老同學寫封問候信時，大可搬出華麗辭藻談論過往的美好時光，不過處理工作事務時，還是簡潔謹慎的溝通方式比較好。

## | 火箭練習 | 減少嘮叨

- 努力讓你只需要單一通知信件就完成重任，多數人僅需回個讚（或類似的訊息）就好。收到讚的時候，就知道自己已主動告知大家所需資訊，不會有人再來詢問，同時預防性事先回答大家可能遇到的疑問。（可與第四章基於意圖的決策相比較。）
- 發送訊息時，若沒有掌握到全部的細節，可事先告知大家缺少了哪個部分，以及預計會在何時、以何種方式分享資訊。
- 設身處地考量團隊新成員、來自非主流文化人員等情況，也就是擁有少量資訊與前提背景的人員，試想他們需要知道什麼？
- 若有先前的簡報或是溝通紀錄，即可參照使用（可以的話就附上連結，這樣大家就不用花時間去找了）。
- 擴大目前在溝通的活動或行動目標與目的，讓大家不只知道需

達成的內容，同時知曉原因與方法。

## 使用「短碼」提升溝通速度和清晰度

想要把大量資訊封裝成簡單幾個字，其中一種作法是使用溝通短碼。團隊習慣融入溝通短碼後，溝通內容就能變簡潔但資訊依舊充足。

不過，使用短碼溝通可能令人不知所措且難以理解。沒有足夠的前提背景下，使用太多短碼可能帶來反效果，溝通不但沒有變清楚、也無法節省時間。

使用短碼需要高程度的內容背景前提，才能發揮功效。若談論財務報告時，我說明會計採用了 GAAP 原則，我的溝通對象應該聽得懂我指的是一般公認會計原則（generally accepted accounting principles）。此時，我不僅使用了少量的語言表達，而且內容也比只說會計師有遵守會計原則還要具體，不必再被追問是什麼法規？哪個會計原則？

然而，若你是團隊新成員，我們也沒有在談論財務議題，或是你從未聽過 GAAP 原則，那麼我的用詞就會讓溝通變混亂。此時，你和我之間的前提背景程度，沒有高到我可以拋出像是 GAAP 這樣的縮寫字。

因此，訓練團隊新成員學習使用短碼是必要的工作。在

Productive Flourishing 有一套內部術語手冊，內含我們獨有的縮寫字、短碼和用詞。當有新成員加入，我們會介紹這套術語，以利新手能夠趕緊融入團隊。

以下是在 Productive Flourishing 中使用的部分術語。

### 任務／專案的時程

- #U：緊急。後續幾個小時，需要你關注處理（謹慎使用）。
- #EOD：今天結束之前，需要你花時間關注處理。
- #ND：明天結束之前，需要你花時間關注處理。
- #EOW：本週結束之前，需要你花時間關注處理。
- #NW：下週這段期間，需要你花時間關注處理。
- #TM：本月這段期間，需要你花時間關注處理。

（備註：當你指定時間範圍時，具體說明為什麼需要在該日期完成，對於溝通非常有幫助。除非真的有需求，否則我一般不會指示團隊得在某一天完成工作。因此，若明確點出時間，團隊成員就知道這是一定得達成的日期。通常我會說「本週」，因為大家都是自主的人類，可自行安排本週的工作優先順序。）

### 決策

- UYBJ：請自行做出最好的判斷。「你已握有決策所需的全部資訊，可自行決定。」

- LMK：請讓我知道結果。「請讓我知道你最終的決定。」
- DRIP：決定、建議、意圖或計畫。
- DRIP?：當有成員覺得另一位成員的建議或意圖，需要進一步釐清解釋時使用。
- DWWFY：請執行你認為有助益的方向。
- L1、L2、L3：決策等級（即第四章討論的三個決策等級）。L1，自行決定且不用通知我；L2，自行決定但要告知我結果；L3，我會決策但請提供 DRIP。

規畫

- #Asana：「請在 Asana（編按：專業的多功能專案管理工具）中建立任務，並拉進相關人員。」
- BOLO：保持警覺。「準備好採取行動，並留心注意某些可能觸發行動的事件。」
- CQ：好奇的提問。使用於當我想要問問題時，可能會被解讀為這很重要，但其實只是我單純出於好奇的提問。
- KISS：保持簡單就好，你可以的！
- NNTR：無須回覆。

溝通

- BLUF：先講重點。用來告知某人溝通初期、而非尾聲的情況（因為可能無法理解）。另有同義用字「TL;DR」，表

示太長了、無法讀。

- UIHO：除非我收到其他消息，不然就這樣。用來表明即將採取的行動。這個短碼非常好，可用來練習以意圖為基礎的溝通方式。
- UYHO：除非你收到其他消息，不然就這樣。讓成員開始有進展，無須因為可能發生什麼事而停下腳步。
- COPU：共同運作情況更新。這個短碼不只是提醒，也可讓成員知道有要事變動，大家都要知悉。

---

## | 火箭練習 | 制定短碼

- 把團隊已在使用的短碼、縮寫字和俚語，整理記錄成文件，並確保內容撰寫清楚，以便非團隊成員也能理解。那麼是否有更多的短碼可加入溝通往來使用？
- 如何在溝通過程，運用任務與專案的時程短碼，以確保每位成員能夠快速接收到事情的優先性與期望值。

---

## 刻意使用固定的溝通工具

團隊聯繫有愈來愈多種方式，包括視訊通話、電話、電子郵件、Slack 訊息、社交媒體的私訊、手機簡訊等。如果人在辦公

室，還可以站起來、穿越辦公室，直接找本人談話。

溝通工具如雨後春筍般冒出，其缺點——你應該猜到了——不夠明確。除了必須到多個平臺，尋找某則資訊到底發送到哪裡，我們可能也無從得知訊息的重要性。

有些平臺工具本來就具有較高的優先順序；若在半夜收到電子郵件，可能是寄件人睡不著，決定發訊息；但若是半夜接到電話，你會心跳加速，想著是不是發生什麼大事了。

做為一個團隊，大家都對自己好一點吧。盡可能減少溝通工具的數量，並明確指出哪個工具適用何種資訊。

舉例來說，在 Productive Flourishing 使用的溝通工具如下：

- Confluence：參考用的策略文件與細節檔案。
- Asana：分派專案任務，以及有關專案執行的對話討論。
- Google Docs：特定內容的意見或提問。
- Slack：即時對話與提問（通常附上在 Asana、Confluence、Google Docs 有關專案內容的連結）。

## 電話或視訊通話

電話應該用於緊急的時候，需要現在接收或提供某則資訊的情況下使用。因此，若突然打電話給成員，應該要有個好理由。

記得什麼情況需要立即溝通，或是可稍後聯繫的原則，同時

善用非同步傳輸工具，像是語音訊息、影片等。比起寫一封長信，有些事情用口語溝通比較容易又清楚，不過與其直接打電話給成員、打斷他們工作，可以考慮改用 Loom（編按：簡易螢幕錄影軟體）錄下訊息，再把錄音連結傳送到沒那麼緊急的溝通頻道。

## 文字訊息

文字訊息，僅用於具有時間敏感性且與工作相關的資訊。

有的時候，其實事情並不緊急，但你可能還是選擇傳文字訊息。原因是你人不在電腦前，正在旅行中、準備這個長假週末好好放個假，所以想在手機失去訊號前，把資訊傳送出去，但這資訊一點也不緊急。

此時，請幫團隊一個忙，明確說明原因。如同前面提到的，每則收到的資訊都在請求收件人關注，而某些溝通平臺會增添額外的壓力與焦慮。因此，若一開場就表明這件事一點都不急，大家的心情就能稍微放鬆。

遇到我得出手的情況時，我可能會說：「請把這件事情移到 Confluence。」或是其他所屬的工具平臺，不希望有人持續在緊急溝通的平臺上，討論沒有急迫性的事務。

## 團隊專案頻道

用來溝通專案中不緊急的特定議題，可於 Slack、Twist、

Teams、Basecamp 等平臺上設立專案頻道，以團隊想要使用的工具進行溝通協調。

小心團隊養成把群組對話視為緊急資訊的習慣。正如 37Signals（Basecamp 平臺開發商，編按：知名軟體公司、遠距工作始祖）的創辦人兼執行長傑森・福萊德（Jason Fried）在推特上寫道：「群組對話就像開了一整天的會，這場會議沒有議程、只有隨機出現的與會人。像是一條沒有盡頭的現代通訊傳送帶，不僅會分散注意力、把時間搞得支離破碎，還會讓人出現錯失恐懼症（FOMO）。與其說有助工作，其實對工作的殺傷力更大。」[21]

因此，建立團隊溝通工具的好習慣，就是使用主題和討論串，明確點出討論主題，聚集討論內容。如此一來，團隊成員不用到處跳來跳去找尋資訊，只要掃描主題即可找到所需資訊，便可以回到原本的工作。

## ｜火箭練習｜打造溝通工具地圖

- 團隊一起決定各類資訊應歸屬於哪個溝通工具，最緊急的訊息應該如何傳送？即時的協作溝通該用哪個工具平臺？成員是否有各自偏好的工具？

## 第七章 重點

### CHAPTER 7 TAKEAWAYS

- 藉由設定團隊溝通的頻率、細節、聚焦、勇氣程度,可調整團隊溝通清晰度的能力。

- 了解什麼情況需要立即溝通,什麼情況可稍後聯繫。養成團隊習慣,確保溝通管道保持暢通,這樣一來,資訊才能即時傳送。

- 良好的溝通應具備主動、預防與簡潔。

- 使用短碼有助於溝通內容變得簡潔但資訊依舊充足。

- 做為團隊,應盡可能減少溝通工具的數量,並明確指出哪個工具適用何種資訊。

# 協作，以三角關係構思

包括我在內，我們當中沒有一個人做過大事。
不過，我們可以帶著滿滿的愛做小事，
一起合作就能成就美好的事。
——德蕾莎修女（Mother Teresa）


　　雅博（Abbott）和卡斯特羅（Costello）有部知名喜劇短片〈誰在一壘？〉（Who's on First）[22]。短劇裡，雅博試著跟卡斯特羅介紹棒球隊球員的名字：「一壘的名字是誰（Who），二壘是什麼（What），三壘是我不知道（I Don't Know）。」

　　接著，混亂局面來了：「誰在一壘？我怎麼會知道？！」這要花多久時間才能釐清呀，實在太爆笑了。不過，若場景發生在辦公室，大家想要釐清到底是誰在做哪一份工作時，得到的答案是「我不知道」（三壘球員），那可就不好笑了。

有明確定義的團隊，自然會預設好答案，知道誰在一壘、誰在二壘。當客戶提出疑問，或需要撰寫一篇部落格文章，或是有經費需要批准時，具有良好協作習慣的團隊不必多想，立刻知道該找誰。

為何上述的預設答案如此重要？因為可以降低日常工作裡的小決策與交涉次數。到底該由你還是我承擔這個責任呢？這部分專案屬於誰的工作職掌？

目標是消除混淆不清的狀況，避免不知道到底該由誰負責哪部分的工作，讓每個角色與職掌分配明確，把一直問「誰在一壘？」的精力，改用在推動進度等有意義的工作上。

過去幾年來，我們親眼目睹預設答案大規模消失的下場。COVID-19 消滅了我們所有的預設答案、團隊習慣、協作方法，他們全被丟棄在一旁。以往沒有說出口的事，這下全得拿出來處理，因為在一夜之間我們原本的架構與預設想法都消失了。

COVID-19 把以前的日常協作交涉等級乘上 N 次方，看看人類互動規模就能了解。然而，隨著認知負擔變重，過去幾年我們看到不少過勞倦怠的情況。為此，我希望這樣的現象可以讓大家體認到，清楚明定真正有效的刻意預設（intentional defaults）有多麼重要。

明定刻意的團隊協作習慣時，要聚焦的是團隊整體而非個人。多數人都想把工作做好，也都訓練有素、富有能力，會想上

班、想與團隊成員建立良好關係。若成員沒有這樣做，就表示哪個部分出現了問題。

當看到某個團隊績效不佳，我們直覺是釐清特定成員哪裡有問題。不過，更好的作法是問問：「我們如何處置現有的團隊習慣，好讓大家不只是現在，在未來也能因為團隊習慣受惠、減輕負擔？」

然而，這不表示問題永遠不會是因個人行為而起，只不過通則是：不在一開始就查看個人問題。若是從個人所處的體制或文化下手，找到的問題不會像是解決單一個人問題那樣簡單。一般通則是開口詢問：是什麼樣的情況導致團隊成員進度落後、無法如期完成工作，或是重複作業？

首先，我們先審視團隊本身的組成。

## 團隊裡有誰？

身為職場顧問，每當企業組織雇用我協助改善團隊不佳的協作狀況時，我會先查看幾個要點，其中一項就是團隊的組成。理由是當團隊協作不良時，通常不太會是個人問題，較有可能的情況是因為個人得對抗團隊組成的架構。

讓我們從宏觀、微觀和專家三個層面，看看團隊裡應該要有哪些人。

## 團隊的「外型適切」嗎？

過去幾十年來，出現了重大創新與實驗性發展，有扁平化（flat）組織、循環式（circular）組織、全員參與型（sociocratic）、自我組織（self-organized）等不同類型的組織。全都是針對傳統模式固有的強化權力互動而來，另外在技術發展的助力下，才讓溝通與協作的規模不同以往。

近期以來，我有很大一部分的工作都是在指導團隊建立更為開放的團隊結構，同時確保傳統金字塔組織帶來的角色功能可有效分布於組織中。

由於大家並不熟悉新的治理模型，而最簡單的方法就是從傳統組織的五個層級著手，藉此查看團隊工作的功能如何相互協作：

- 層級五：高階主管。
- 層級四：資深經理、專精的技術專家、顧問。
- 層級三：協調人員、初階主管、高階技術專家。
- 層級二：專家人員。
- 層級一：基層員工。

計算每個層級的成員數量，便可知道組織的「外型適切」與否。試想一下，每位初階主管要管理四到八位層級一和層級二的

人員，而每位資深經理管理四到五位初階主管，而高階主管（或是小規模的經營團隊）就負責管理資深經理，形成金字塔型的結構，這就是健康的典型傳統組織外型。

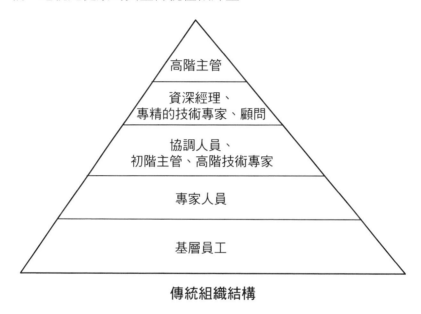

**傳統組織結構**

「走樣」的團隊與組織分成許多不同的種類。沙漏型，上面有一大群高階主管和管理大方向的人員，底層也有一大堆助理或虛擬助理，中間卻沒有人負責處理工作。鑽石型，塞滿一大群經理，卻沒有可以把工作分派出去的對象。倒三角型，有大批的高階主管和經理，底層卻沒有做事的人。（參考下頁圖。）

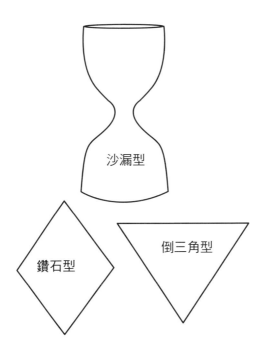

沙漏型

鑽石型

倒三角型

　　有位客戶具備小型公司組織結構，基本上只有一名高階主管和兩名經理，該組織的外型讓我能預測到即將出現的協作挑戰。講白了，就是沒有人執行較為低階和專精的工作，因此兩位管理層級人員就得下降到初階專家人員的職位，但是跳下來後就沒有人在組織高層負責規畫、設定目標、安排優先順序及規畫組織長遠未來，這些可都是組織十分必要的工作。

　　團隊沒有依著該有的方式相互協作，但這跟成員本身無關，而是團隊的組成並不適當，需要雇用更多層級一和層級二的人員，才能讓團隊的外型恢復正常。

再以客戶服務為例，了解團隊結構如何幫助解決協作問題。假使出現通話時間差和客服回應時間不佳的情況，不一定要劈頭調查負責客戶滿意度的主管績效，反倒可以提出一個簡單的問題：「我們是否有足夠的人力回覆電子郵件和接聽電話呢？」

若答案是否定的，就雇用更多人手；若答案是足夠，就沿著金字塔逐步向上探究。是否有妥善的人員管理？有的話，那麼一定是基礎、架構或是策略哪裡出了問題，導致組織的配置發揮不了作用。

對團隊整體外型的大樣貌有了認識，即可做為解決協作問題的有用工具，有助於聚焦團隊的最小單位：執行者、審查者、協調者的三角關係。

## 執行者、審查者、協調者的三角關係

三個角色構成了團隊的原子元素（atomic elements）：

- **執行者**：捲起袖子、完成工作的人。
- **審查者**：負責查看完成品的品質，以利執行者專注於生產製作，包含編輯、程式編碼檢查員、查帳員、校對員等。
- **協調者**：負責兩份工作，一是協調執行者和審查者，二是協調團隊外部的元素。經理人可出任協調者，但往往只是負責溝通的角色而已。

隨著專案需求的變化，上述三個角色可共用或互調。搞清楚誰是執行者、審查者、協調者之後，有助形塑協作方式，也有助降低小型團隊在認知、情緒、群體互動上的負擔。

當我來到組織或團隊協助解決問題時，著手點通常就是這道三角關係（三個基本功能）。我們是否有足夠的執行者應付這些工作量？是否有足夠的審查者確保工作順暢、不會遇到瓶頸？是否有人（一人或數人）負責協調這份工作？

要是遇到過於龐大的團隊，我會逼著該團隊在大群體中，定義出原子團隊的單位，因為小團隊的速度往往比大團隊快。執行者與審查者的兩人團隊，能好好同步彼此的資訊，了解雙方角色，也能夠清楚溝通彼此的工作流程，因此工作流程不會成為審查者在後勤與管理上的負擔，亦不會給執行者累積大量工作。接著，負責溝通者就可以協調執行者與審查者兩方，並和團隊中的其他人員充分溝通。

**以執行者、審查者、協調者的三角關係構思團隊，有助打造完成任務的最小規模原子團隊。**另外，還提供了很實用的功能，即協助團隊直覺性地知道何處需要添加人手，不用胡亂瞎猜。如果執行者工作的速度超過審查者，就應該增加審查者的數量；如果執行者與審查者合作的產出量，無法全數傳遞給下一個團隊，就得增加協調者的人力。

# ｜框架｜精益生產七大浪費

TIMWOOD（運輸〔transportation〕、庫存〔inventory〕、動作〔motion〕、等待時間〔wait time〕、生產過剩〔overproduction〕、過度加工〔overprocessing〕、缺失〔defects〕），是出自精益空間（the lean space）的框架，可用來協助辨別團隊或組織中時常出現浪費的地方。

大多數的新創組織，應該要特別留意動作、等待時間、過度加工和缺失。

**動作：**若團隊試圖積極完成工作，但實際上沒有完成任何事，過度的動作可能是因為不夠清楚狀況，或是因為目標和優先順序不斷改變，也可能是交接步驟過多，所以少一點人員或步驟比較好。

**等待時間：**執行者是否在等待協調者分配工作，還是在等審查者提出意見？審查者是否在等待執行者完成工作？哪個部分可以加速流程，或是哪裡增加人手可以提升生產力？

**過度加工：**不必要的小型審查週期，或是不斷調整只需提交即可的作業，此舉並無法提升品質，只會耽誤專案進度。

**缺失：**成員花了三天的時間努力製作網頁，但到了呈現成果時，發現網頁不在應該出現的地方，以至於整個團隊七手八腳趕著讓專案跟上原本的進度。

TIMWOOD 是個很棒的工具，可診斷出團隊的協作問題，並找出可以避免浪費的地方。

## 懂得呼叫「沃爾夫先生」

昆汀・塔倫提諾（Quentin Tarantino）導演的電影《黑色追緝令》（*Pulp Fiction*）裡，殺手文森和朱爾不幸遇到意外，當時車子後座還有馬文。卡在車子裡的兩人需要緊急獲救，所以撥了通電話，不出幾分鐘，車門打開了。早上 8 點 45 分車門旁出現穿著燕尾服的哈維・凱托（Harvey Keitel），他開口自我介紹：「我是溫斯頓・沃爾夫（Winston Wolf），負責解決問題的。」

每個團隊都需要一位或多位沃爾夫先生，協助處理突發事件。誰是團隊裡的文法大師？誰是網站小精靈？以及誰是試算表高手、技術專家、客戶滿意度高手？這個人就是發生某種特殊問題時，你會想拿起手機聯繫的對象。

不論是有豐富經驗的資深成員，還是具有洞察力的基層成員，團隊裡的每位成員，應該都是某件事情的「沃爾夫先生」。

舉汽車維修廠為例，面對不同車輛的各式各樣問題，多數技師都能提供維修服務，不過每家維修廠都有幾位沃爾夫先生。遇到罕見的進口車，或是在車用電子系統怎樣都找不到的問題點，這時就會請出沃爾夫先生。他們對於罕見事物瞭若指掌，所以在

試過各種辦法後，就可以請出這種高手，因為高手知道雪佛蘭（Corvette）某一年生產的 C3 Fastback 跑車，有一條會發生短路的電線。

然而，因為某人——沃爾夫先生——本來就對某件事在行，但不代表他就是唯一會做某樣特定工作的成員。如果只有沃爾夫先生可以處理的特定問題總是定期出現，這就是阻礙工作的難題了。若沃爾夫先生不在辦公室，或是在忙其他專案怎麼辦？基於這個原因，理想狀況是沃爾夫先生在解決問題時，其他成員都要學一點。像是辦公室試算表高手協助另一位成員設定 VLOOKUP（編按：表格中查找特定值）公式時，應該同步教導其他成員，讓大家下次可以自行設定。

如果特定問題一年只會發生一、兩次，或許讓某位成員出任沃爾夫先生也是可行，總不能期望每位團隊成員摸透雪佛蘭的電子系統吧。團隊精通平時較常使用的高價值技能，而罕見技能留給沃爾夫先生，這樣安排通常比較好。

沃爾夫先生是如何成為沃爾夫先生的呢？隨著時間進展，團隊具有一定程度的自主權和選擇權時，成員便會開始自行選擇想專精的領域。而這行為絕對要鼓勵。當有位成員決定成為某件事的沃爾夫先生，原因可能出自好奇，因為具備動機，即使其他成員覺得這是件苦差事也沒差。一般來說，沃爾夫先生很樂意被貼上標籤，問題也能盡快獲得解決。

## │火箭練習│ 排除團隊組成的問題

- 查看團隊外型。藉由轉移角色和責任，可改善哪部分的團體協作？

- 團隊裡的執行者、審查者、協調者分別是誰？是否有足夠合適的人手安置在恰當的位置？答案若是否定，那麼現有團隊可調動哪位成員，以利建立良好的工作流程？

- 團隊裡，能發揮不同重要專才的沃爾夫先生是誰？是否有缺口（也就是團隊需要沃爾夫先生，卻不知道該找誰）？若有缺口，有誰知道該找誰協助呢？又，溝通傳達的方式是什麼？

- 團隊共同合作的工作中，是否有空間讓還不是沃爾夫先生的成員，開始發展專長？團隊如何支持成員，協助其成為沃爾夫先生，並對團隊更有歸屬感，同時減少團隊的缺口？

## 打開「黑箱」

現在我們已經討論過團隊預設好的角色是哪些人了，接下來聊聊工作是如何完成的。不幸的是，許多團隊的答案是「我不知道」（三壘球員！）。

電腦運算技術裡，黑箱系統可查看輸出與輸入，但無法看到內部作業。宛如是座極其機密的工廠，送進各種小裝置後，就送

出一臺臺單車，完全不清楚小裝置是如何製成單車的。

團隊裡，到處都會有黑箱。或許，你知道團隊成員工作表現很好，因為你看到成果了，卻完全不知道他是如何做到的，也不清楚哪個時間點他在做哪件事。

黑箱帶來的挑戰，在於若不知道成員此刻在做哪件事，自己可能會開始著手同一件事。又或者操心想著某件事情是否有人做了，自己是不是應該跟進，開始擔心是否得在最後一刻救火。此外，假若沒看到成員在做某件事，保險起見就是自己跳下來處理，但這麼做也暗示著自己不信任成員會負責完成工作，因此黑箱會帶來信任問題。

是時候打開黑箱了，看看如何分配工作，以及工作進行的地點。

### 在何處工作？

長久以來我們對工作環境都有既定的想法，認為應該即時看到大家在工作，要是看不到員工在做什麼，就覺得他可能跑去做其他事情。套用到非勞力工作場所的話，出現了開放式辦公空間、到辦公室上班的規定，甚至還有監看遠端工作的電腦軟體。

若我們的目標是雇用員工使出看家本領，就會與上述認為得看管員工工作的既定想法衝突。或許我在咖啡店工作時，最能拿出極佳表現，而這裡沒有人會密切監管我，不過假使團隊要我到

特定地點工作，主管才能親自盯著我，我可能沒有動力展現最高價值的工作成果，只會做些大家希望看到我做的事。

每個人都有自己的工作方式，各自有喜歡的工具。除非合作時看著對方螢幕，不然真的不會知道團隊成員當下在做什麼。不過，團隊可以培養習慣，讓成員按照自己的方式完成高價值工作，同時保有透明度與負責性，讓團隊成員能好好地相互協作。

作法就是決定好團隊預設的工具與頻道，確保所有的團隊工作都會在此處誕生（參見本書最後一章）。

預設好團隊工具，像是 Google 文件、Dropbox 或其他可以共同協作的工具。好處就是能夠輕鬆看到其他成員正在做的工作，同時讓成員依照自認為成效最好的方式進行。這是一石二鳥的作法，個人可以選擇最能發揮的地方，而團隊也有協力合作的預設地點。

## 如何跟進進度？

為了能好好地相互協作，我們需要知道其他成員目前在做什麼。可是要開口問：「你今天做了什麼？」或是「這個專案進行到哪裡了？」會讓人升起防衛心。

理想狀態是根本不必開口問這些問題，因為團隊已養成前一章討論的主動與預防性溝通習慣。不過，當你真的需要開口詢問時，要確實展現正向態度，而不是一副拷問的模樣，此時表情符

號就很好用（但習慣使用表情符號來間接表達不滿的團隊除外）。瑞士洛桑管理學院（IMD）的兩位教授，橫井朋子（Tomoko Yokoi）與珍妮佛・喬登（Jennifer Jordan），長期以來都在研究數位時代的有效領導力，兩人認為使用表情符號是與團隊成員建立連結的有效方法。

正如兩位教授在《哈佛商業評論》發表的文章所述：「員工踏進辦公室時，不會查核當天的心情，也不會在登入 Zoom 線上會議時核對情緒。」[23] 因此，當大家不是面對面時，表情符號有助增進溝通交流。

比起沒有表情符號的「你今天在忙什麼？」，「你今天在忙什麼？🎊🍓👋」更能傳遞情感，可用來取代團隊與領導人面對面時會有的肢體動作。

## 如何分配工作？

除了工作進行的地方會有黑箱外，成員分配工作的方式也會見到黑箱。許多團隊養成一種「選擇你想要的」派發方式，可說毫無規畫可言。這個作法的問題在於，倘若是六人團隊，有五個不同的頻道發配工作的話，任何一位成員接收另一位成員分配的工作時，至少有 25 種不同的組合方式。

舉例來說，亞歷克斯愛用短訊，所以你用短訊跟亞歷克斯溝通專案，然後透過電子郵件把工作傳遞給蘇珊娜，接著又跳到

Slack 傳私訊給海莉，討論她在該專案負責的部分。不過，由於亞歷克斯看不到你發的電子郵件，也看不到你在 Slack 上傳的私訊，所以可能開始揣測工作到底有沒有分配出去。再者，蘇珊娜和海莉因為不知道你還有跟其他成員討論，所以可能開始著手處理同一件事，又或者兩人開了視訊討論專案，除了沒有邀請你和亞歷克斯參加，還策畫了幽靈計畫（參見第六章）。

移除黑箱，可減少因為不清楚其他成員手上現有工作，而釀成過度加工與重工的情況，又因無須跟進進度，所以可縮短可能延遲自己工作的等待時間。此外，當然能夠減少工作交接時，很難避免的 Crisco 西瓜數量。

## 如何描述工作任務？

除了搞清楚在哪裡完成工作，以及如何分配工作外，還要清楚描述任務內容。依據經驗來說，撰寫任務清單時，要當作未來有其他人需要閱讀這份清單，能在沒有進一步的指示說明下執行任務。

若我在自己團隊的 Asana 工作區內，看到一項不清不楚的任務——特別是逾期的工作時——我將無從出手協助。若不去找寫下這項任務的成員，我不會知道「電子郵件清單」是什麼意思，是要收集電子郵件清單或發封郵件給清單上的人？還是要找新的電子郵件清單供應商？

不清不楚的任務說明會讓協作過程增加額外的等待時間，也會局限成員提供協助的能力。第五章裡，我們探討過團隊的力量倍增器有多棒，若在團隊協力工作的地點，寫下架構完整的任務內容，力量倍增器更容易介入協助。此外，必要時成員可以休息、長週末去旅遊，等回到工作崗位時，不會看到整個團隊的工作延宕，因為放假的成員有留下麵包屑（bread crumbs），說明工作放在哪裡，指示接續要完成的工作內容。

好好編寫自己的任務與討論串主題，就像之後會有其他人需要詳讀一樣，因為這個人很有可能就是未來的自己。當你得抽身離開專案幾週的時間，等到再次返回該專案，看到自己留下的是一堆神祕不清、沒頭沒尾的筆記內容時，就會明白好好編寫任務內容的重要性了。

清楚的工作內容描述，可以照顧到未來的自己，也可以在現在與未來照顧好團隊成員。

## 團隊的專案節奏為何？

當團隊協作良好時，最終會踏出自有的工作節奏，清楚專案時程有多久、更新內容已完成多少、進度有多快等。若節奏似乎與專案的時間表不同步，就表明團隊協作狀況可能沒有團隊想像的那樣緊密，或是沒有達到所需的緊密程度。

舉例來說，假使專案的完成日期是在本季末，可於第一個月

結束時查看進度，並重新評估團隊的協作方式。按照現在每週一次的工作會議節奏，團隊是否能如期在季末完成專案？為了能準時完成，是否需要提升工作會議的速度？

要留心注意的是，專案節奏的問題也有可能是其他因素導致，如負荷程度、資源、計畫或目標的可行性。因此，若協作狀況沒問題，就可以開始探究其他因素。

## | 火箭練習 | 在團隊頻道上的協同合作

工作進行的地點與分配方式皆有黑箱，打開黑箱有助減輕與團隊合作相關的認知負擔、情緒焦慮與一般壓力。

- 哪部分的工作會照著預設進行？為什麼這部分的工作會有預設？這樣做對我們有幫助嗎？它是否會給團隊帶來恰到好處的能見度，讓我們了解團隊成員正在做的工作且給予尊重，不會不自覺地否定成員，或是做重複的事務？
- 主動分享手上進行中的工作，必要時跟進專案狀態，在此團隊的預設機制為何？
- 用來討論專案或是分配工作的預設頻道為何？這預設的頻道是否讓團隊成員有適切的能見度，可看到專案其他部分的狀態？此頻道是否可快速找到資訊？
- 編寫工作任務的標題和描述內容時，團隊有哪些慣例？是否有

使用動詞明確點出所需採取的行動？是否留下清楚的「麵包屑」，讓團隊成員了解需要完成的任務要求？是否提供足夠的資訊，以便成員直接開始，不用浪費時間找尋細節資訊？

- 若專案步調異常，是否需要更多執行者加快進度？為能消化完成的工作、避免阻礙進度，審查者的人力是否足夠？完成的工作沒有立即交付給下一位成員，或是沒有傳遞給外部單位，是不是協調層面出現問題？是否可藉由改善 TIMWOOD 浪費加快進度？

## 培養組成臨時專案團隊的團隊習慣

在我的人生中，每當遇到問題，我會看看四周有誰可以協助解決。這是出生在軍人家庭，以及在童子軍和軍隊裡度過養成階段，自然而然培養的習慣。

正因為自己是這樣成長，自然會認為組成臨時團隊是每個人都會有的想法：遇到問題、環顧會議桌上的成員、組織團隊解決問題，然後散會。

然而我的經驗顯示，這對許多人來說並不是自然產生的第一個想法。可是，這卻是非常強大且可以培養的技能。

教導社群如何組成社群應變團隊（community response team），等於是賦予社群力量，成為更能自給自足的群體，發展

出解決大小問題的能力。**教導組織成員組成臨時團隊解決問題和追求契機之際，組織同時解鎖了一項寶貴的技能。**

做為職場顧問，我第一個會問的問題是：「誰可以組成團隊？」得到的答案通常是組織裡有一堆沒必要的架構與預設慣例，成員很難為了解決特定問題而組成能夠隨機應變的團隊。

有的時候，成員之所以不想組團隊，是覺得替成員增加工作需要小心處理，因為大家可能跟自己一樣工作滿載，所以不想增添任何人的工作量。

有時是成員覺得自己沒有獲得許可。這點很有趣，因為向高階主管徵得同意，好讓大家一起解決問題，主管聽到肯定驚喜無比。你們當然可以一起解決問題。不過，也許團隊文化隱約中就是不鼓勵大家採取主動。其實，組織團隊解決問題但失敗了，與面對問題保持沉默，兩者的差別只是扛起不同責任罷了。

最後的障礙則是「由誰來帶領」，每當談起專案領導人或專案經理人時，那些沒有擔任過典型經理人或領導人角色的成員，會覺得自己沒有資格推動專案；或是團隊成員習慣由其他人帶領。無意之中，這樣的情況使得經理人和領導人管理的專案數量，超出他們所需管理的數量。此時，真正需要的是有人出面扛起專案，運用既有團隊推動專案。

思考如何管理團隊時，有個更好用的方法，那就是提出下列這個問題。

## 誰來負責這個專案？

在執行者、審查者、協調者的三角關係裡，最後往往會由協調者負責專案，但未必一定如此。執行者可以是專案負責人，負起實踐專案的絕大部分責任。而審查者也可以負責專案，帶著執行者與協調者動起來。

宣布專案負責人，是另一種表明誰在一壘的方式，告知團隊有問題時該找誰，自己負責的工作有進度時該向誰回報，還有該讚賞誰採取主動。

當某位成員被指派為專案負責人（或是自願接下這份角色）時，他不需要具備推動專案所需的全部技能。專案負責人只要負責組成沃爾夫先生團隊，確保大家跟上進度，並回報專案成果。此外，專案負責人也會獲得功能職權（functional authority），可在特定時間點，請出組織較高層人員做某些事，以便支持專案運行。

一旦養成選定專案負責人的團隊習慣後，無論高階或是基層人員，都會有更多成員來管理或領導專案。此舉更帶來極佳的好處 —— 提升組織的產品管理與領導力的遞補能力（bench strength，譯按：原指板凳上的候補球員）。

這是一種直覺性的概念，同時刻意模糊層級一到層級五的金字塔組織結構。

此外，出任專案負責人數次後，成員會積極地想要變好。因

為自己曾負責過專案，所以會想學習如何在不是自己負責的專案裡，達成更良好的溝通與協作。

## ｜火箭練習｜如何組織團隊

做為團隊、主管或領導人，可提出下列幾個問題：誰來組織團隊？我們要如何確保大家獲得所需支援？針對臨時組織團隊解決問題或是追求契機，我們在哪方面可能不足以鼓勵大家站出來做這件事情？

當個人貢獻者看到問題，且打算組織臨時團隊時：

- 別認為你是唯一解決問題的人，改把自己想成是專案負責人，同時不需要知道該如何做每一件事，只需要懂得呼叫沃爾夫先生即可。

- 清楚說明你的意圖：「嗨，我看到這個議題或是說挑戰也可以。若沒聽說有其他規畫的話，我打算找幾個人共同解決這個問題。」如此一來，你並不是真正在徵求批准，只是要確保自己不是冒著風險給自己與成員惹麻煩上身。

- 請記住，解決一個存在已久的問題或挑戰，所需時間可能比你想的還久，畢竟組織內的小問題大多已經解決。你可能只是努力想要丟棄一臺壞掉的印表機，但也可能因而揭露根深蒂固的大問題。

- 選定溝通的節奏，持之以恆地實踐，直到感覺這節奏過於密集或鬆散為止。若專案成為季度或是時間更長的案子，可參考本書有關團隊習慣變革（第十一、十二章）的內容。

## 第八章　重點

CHAPTER 8 TAKEAWAYS

- 有明確定義的團隊，自然會預設答案，知道誰的工作是負責處理接下來可能出現的任務。
- 團隊的原子元素是執行者、審查者、協調者的三角關係，搞清楚誰負責哪個角色後，便能處理團隊的組成。
- 針對團隊裡定期出現的某個問題，預先想好該呼叫哪一位沃爾夫先生協助。
- 團隊工作（及其相關的討論對話）都應該在團隊頻道中完成。
- 任何一位團隊成員都要有能力組織臨時專案團隊解決問題。

# 會議，可以增強或削弱團隊力量

一場好的會議，
自發交流新的想法能夠帶出一股動力，締造優異成果。
——哈羅德・吉尼（Harold Geneen）

　　會議，是許多人在思量改變團隊習慣時的首選，原因在於會議裡能看到其他團隊習慣發揮作用。

　　歸屬感與信任感是可以即時感受到的，決策、目標設定、規畫是雙眼能見的工作，然後在開始討論如何合作完成工作時，出場的就是溝通與協作團隊習慣。

　　開會的時候，只需要一個鐘頭的時間，就可以輪番看到各種不良的團隊習慣。有的成員試圖說服其他成員，有的成員覺得被議程排除在外，計畫開始動搖（又或是打從一開始就不明確）、草率決策、沒有統整下一步行動，大家都不清楚誰在一壘，所以

「某人」得做很多工作。

會議開得很痛苦，因為開會時我們心裡清楚要做的工作還有一大堆，要是遇上爛會議，更是苦不堪言。（希望）工作是有意義、有挑戰性、有成就感的，（可能）有人喊說我們都不用做某份工作了，因為一直卡在這場會議裡。

希望團隊或組織打從心底表示喜歡開會，是難上加難。

**會議，可以是強大的力量倍增器，也可以是無敵的力量削弱器。**召集大家開場優質會議，可讓團體的能量發揮槓桿效果，締造全然不同且更美好的成果；又或是削弱團隊的能力與注意力，耽誤大家原本應該做的工作。

專注會議的團體習慣，其好處是：你不必徵求高階主管的支持來改善團隊開會習慣，也不必和其他團體或事業單位協調才能做出改變。只需要與自己的團隊下定決心，就可以改變開會文化，讓會議轉變為最能幫助成員完成工作的模式。

這就是為什麼開始著手調整團隊習慣時，會議是個很棒的起始點。不過，若你仍不明白爛會議的實際成本，是時候拿出計算機了。

## 會議的數學運算

一臺要價 500 美元的事務印表機壞掉了，想要換臺新的，得填寫申請單或採購單。經過審查流程後，我們才會知道這 500 美

元獲得批准還是被否決。那麼，我們打算召開會議的時候呢？即便從薪資和時間角度來看，多數會議成本遠超過 500 美元，卻沒什麼能阻攔我們召開會議。

商業組織裡，想賺更多錢並不難，但是取得經費的難度卻高過我們嚴重匱乏的東西：成員的專注力與全面投入。

我們來看看會議的實際成本。

## 會議時間實際有多長？

召開 1 小時的會議，到底消耗了多少時間？

- 會前：15 分鐘的會前準備與工作轉換時間。放下手上正在處理的工作，轉換到開會模式所需的時間。
- 會議時間：實際上規畫的開會時間是 1 小時。
- 會後：會議結束後離開與行政作業時間需 15～20 分鐘，多數會議會帶來更多的工作量，如發送訊息、針對討論內容花時間下決定、轉換回到需要深入專注的工作上。
- 這樣看起來，1 小時的會議其實占據了至少 90 分鐘的時間。

## 每週到底開了多少會？

瞄一下行事曆，你或許會說每週有三到五場例會，聽起來沒有很糟，對吧？等到把最後一刻才冒出來的所有「拐杖會議」算

進來時，就不是這麼一回事了。（拐杖會議是指因團隊習慣不佳而召開的臨時會議，稍後我們會進一步探究。）

我與客戶進行這項練習時，通常會聽到客戶表示，上週會議裡有 50% 都是一次性會議，平常沒有這些會議。可是往前追溯更早的行事曆後，即可清楚看到所謂的「一次性」會議，其實每週都占據了一樣久的時間。因此，這些會議應該算是例會，也得納入行事曆裡。（稍後，我們再來討論該如何排除這些會議。）

當拐杖會議納入試算，你每週其實有八場例會，平均一場例會耗時 45 分鐘。依據經驗來看，每場例會會前與會後至少花費 30 分鐘的準備與行政作業時間，也就是說每週有整整 10 個小時都耗在開會上。

這樣的話，一般正常的工作週裡，還剩下 30 小時可以執行薪資名目要你處理的工作。聽起來還是沒有很糟，對吧？

再等等，因為狀況其實更糟糕。

## 幾點開會？

開會的時間點與開多久，兩者同等重要。舉例來說，若安排早上 8 點開會，會發現大多數人都還在暖機。多數人在早上 8 點時，其實還沒有準備好展開深入的對談討論，這表示實際會議時間會比原本需要的時間還長，或是比預期的還要難以進入狀況，又或是白忙一場。

更有可能發生的情況是，默默給團隊添加了更多工作，因為大家得提早抵達辦公室準備開會。團隊成員要準備早上 8 點的會議所花費的時間，原本是用來睡覺、照顧自己或家人的。

會議安排在上午 9 點半或是 10 點，其實好不到哪裡去，但理由不大一樣。會議卡在上午中段的時間，肯定會打斷成員在會前與會後的專注時段。除非大家很早來上班，早上這段時間才有可能完成行政工作，然後會議結束再花 1 小時，趕在午休前完成專案工作的推進。因此，這場 1 小時的會議毀掉整個上午的專注時段。

Productive Flourishing 團隊傾向把會議安排在上午 11 點，以及下午 1 點或 3 點。上午 11 點的會議，讓成員早上有一段很棒的專注時間，再來參加會議，這時大家都已暖機就緒。下午 1 點的會議，是藉機運用「剛吃完午飯」的活力，同時為下午預留一段連續沒有間斷的專注時段。下午 3 點的話，則是取決於團隊的作息型態（chronotype，團隊核心習慣的章節中會進一步討論），才能裁定是否是個很棒的時間點。

若團隊成員橫跨多個時區，管理會議可能更加困難。不過，重要的還是與團隊成員協商，找到最適合大家行程規畫的時間點。

由於開會這天決定了當週的節奏與樣貌，所以開會日可能是個力量倍增器，但也可能變成力量削弱器。這正是為什麼許多規

畫與協調會議安排在週一或週二。若安排在週四，成員們要不呈現疲憊不堪的狀態，要不就是因為週末前各個截止日逼近而分心，所以會議中無論規畫了什麼，隔一週大家可能都忘光了。

儘管不是很明顯，但某些類型的會議安排在某月的某個時間點，也會形塑當月或當季的工作流程。

在上述設想的會議時間數學運算裡，我們每週會有八場、每場 75 分鐘的會議，就看看這些會議落在什麼時間點，以及哪幾場會議確實破壞了整個上午或下午的工作？

## 多少人出席會議？

最後一則會議的數學運算：如果你找了八個人來開 1 小時的會，其實是開了長達 12 小時的會議（已把會前與會後的緩衝時間納入計算）。

你挪用了 8 小時的時間與專注力，耗費了 8 小時的工資。用這種角度來看，取消一場會議就是打消請求八個人的專注力，騰出更多時間給實際要完成的工作。

這題會議的數學運算，解答了團隊推動專案為何總會感到困難重重。為什麼團隊無法完成策略工作？為何成員各個如此疲憊倦怠？規畫的章節裡，我們談過策略、例行、緊急三方僵局，為何我們的團隊老是被三方僵局給困住？

只要參考這個會議數學運算，即可明白多數成員的行事曆

裡，並沒有足夠的時間執行自己的工作。

倘若成員完成了工作，有很大的機率，成員正邁向累垮的道路上，因為大家能夠找到唯一專注的時間就落在晚上和週末，也就是沒有會議擾亂的時候。

| 會議數學運算舉例 | |
|---|---|
| 每週的例會數量 | 8 場 |
| ×每場會議花費的時間（包括緩衝時間） | 1.5 小時 |
| ＝花費在會議上的時間總和（每人） | 12 小時 |
| ×成員人數 | 8 人 |
| ＝團隊花費在會議上的時間總和 | 96 小時 |
| ×平均時薪 | 50 美元／小時 |
| ＝每週花費在會議上花的金額 | 4,800 美元／週 |

上方例子裡，該團隊每年花費了 240,000 美元在開會上，卻沒有人核准換置已用了許多年的印表機。

並不是說所有會議都不好，我想表達的是：希望團隊開會時，能夠有意識且習慣性地讓會議增強團隊的最佳工作能力。了解會議的數學運算，讓團隊擁有強力的工具與語言，開始著手調整團隊的會議習慣。

## 排除拐杖會議

我有個常被問的問題：計算會議數量時，是否要納入與成員一對一的簡短討論呢？還有，如果與成員來到另一位成員的桌邊，花十分鐘釐清自己心中的疑問，這算是開會嗎？會議裡到底要有多少人才算數？

查驗怎樣算是開會時，要屏棄想按規定判斷的衝動，套句老話：「我看到的時候，就會知道了！」

與同事來場簡短的會議，其實可以幫自己省下大量時間。如果你好幾天都不在辦公室，回到辦公室的第一天早上，為了跟上大家的進度，可能隨便就得花上 90 分鐘時間，登入 Slack 查看討論串。不過你也可以撥通電話給朋友，花個 5 分鐘進入狀況。嚴格來說，這算是一場會議嗎？這部分，大可不必顧慮太多。

倒是要小心留意其他團隊習慣所造成的拐杖會議！

**拐杖會議用於本該在會議外處理好的事卻沒有做到的情況。**計畫總是沒有照著進度，所以召開會議處理；溝通出現問題，所以召開會議，好讓大家的資訊一致；沒有人知道優先事項是什麼，所以就……（你知道的！）。

深入探究那些負擔過重的會議行事曆時，可清楚看見許多一次性會議其實都是拐杖會議。若想在行事曆上，確實排除這類型的拐杖會議，需要提前解決根本原因才行。

我們在規畫章節談到的每日例會，就是很有可能成為拐杖會

議的好例子。如果因為沒有其他明確的方式可以確保大家的進度，只好每天召開例會，這個解決規畫問題的方法還真是昂貴。不過，也有可能因為身處 VUCA 環境，像是合併、重組、全球性流行病等情況，所以每日例會成了快速辨識當天優先事項的最佳方式，亦是最能向團隊成員更新最新資訊的管道。

## 會議推薦得分是多少？

佛瑞德・瑞克赫爾德（Fred Reichheld）於著作《終極提問》（*The Ultimate Question*）[24] 概述了淨推薦分數（net promoter score），而會議推薦得分（meeting promoter score）就是運用淨推薦分數而成。行銷人員想要快速了解產品或公司現況時會問：「你會跟朋友推薦○○的可能性有多大？」因此，你也可以問：「你會向同事推薦這場會議嗎？」然後很快就能知道這場會議是否值得出席了。

會議對每個人造成的影響各有不同。若你是喜愛社交的人，即便是再普通不過的會議，也會相當期待；但如果你是內向的人，即便是出席最優質的會議，也感覺會耗盡體力。

當試圖扭轉團隊的會議習慣時，請記得不論你對會議的感受為何，其他團隊成員的感受可能跟你不同。對許多人而言，行事曆上的某場會議會給這一天蒙上一層焦慮。

即便是線上會議，仍得化妝、展現友善的一面，還要記得面

帶笑容和閒話家常。另外可能還有一堆瑣碎的疑問，像是「我要露臉嗎？我的狗會不會突然大叫？要是我突然得親餵母乳呢？是不是該整理一下桌面？」

我可以一整天打電話和談事情，但我的團隊成員多數沒辦法。我知道，每當我召開會議，每位成員都會陷入掙扎，但我自己不需經歷這些掙扎便能出席會議。我相當看重此處的責任，同樣尊敬成員感受。

許多剛加入 Productive Flourishing 團隊的成員會感到驚奇的事之一，就是會議結束時慶幸自己來參加。因為比起開會前，成員感覺彼此關係更好了，受到更多啟發、心情更為愉悅。我們的團隊竭盡心力，確保行事曆上的每場會議都能加乘團隊付出的心力，而不是耗盡大家的努力。

---

## ｜火箭練習｜審查會議

- 每週或每月查看例會行事曆，接著運用上述的會議數學運算，估算每週花費在會議上的時間和薪資是多少？

- 會議在哪個時間點召開？是否打擾到團隊成員的專注時段？為了能讓出席人員全心投入，是否有其他更合適的時間？務必考量到不同時區的成員。

- 每週、每月、每季的會議行事曆，是否能帶動工作並倍增功

效？還是其實會削弱、浪費團隊的時間、氣力及專注力？

● 過去六週的行事曆裡，有多少場會議其實算是拐杖會議？是哪部分的團隊習慣出錯才需要召開這種會議？找出異常之處，或許就是下一個可以調整的團隊習慣了。

● 想要確定會議是否值得留在行事曆上，可以問問自己與團隊這些問題：「我們開了這場會是否讓你開心？這場會議是否發動了你的精力與專注力，還是相反？若要上網評比這場會議，會向朋友或團隊成員推薦這場會議嗎？」若得到否定答案，那下一個得問的問題是：「我們可以做些什麼減輕會議帶來的壓力，讓會議更有效率，並為其他團隊成員帶來事半功倍的效用？」

## 打造更優質的會議

在不知道為什麼要開會的情況下，你走進會議室或是登入 Zoom 會議……這種經驗在你身上發生過多少次了？

打造更優質的會議，首先要理解不是所有的會議性質都是一樣的。會議可歸屬六大會議方塊，亦可由數個會議方塊組合而成，而且有多個會議方塊正好對應上我們一直在探討的團隊習慣類別。

著手培養團隊習慣，學習制定會議類型，有助成員釐清召開

會議的必要原因。藉此可減少成員的煩躁不安，不再發生在渾然不知發生什麼事的情況下，走進會議室或是登入 Zoom。

## 六大會議方塊

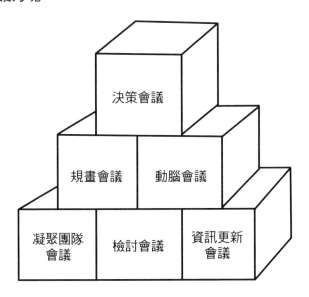

### 決策會議

決策會議的重點在於，找合適數量的人員，齊聚會議桌前，把資訊轉換成決策。召開決策會議的時間點，可以在工作流程初期必須制定決策時；也可以在流程後期，工作卡關了、需要決策才能繼續推進工作的時候。

### 規畫會議

規畫會議的設計，目的是讓團隊同意行動方案，並確保工作

項目符合時程。理想的狀況下，召開規畫會議前，已制定完成大多數的初步決定。不過，有些規畫會議就是設計來提供資訊，以利制定執行計畫所需的決策。完成規畫會議後，接著召開時間較短的決策會議，此時只需必要人員出席即可。

### 動腦會議

動腦會議的目的，是制定潛在的解決辦法與行動方案。召開一場動腦會議，宗旨是不斷發掘各種可能性，而不是把會議裡的想法與選項，精萃成可執行的解決辦法。

### 凝聚團隊會議

凝聚團隊會議的重點，是藉由進一步的相互了解，建立歸屬感與融洽關係。討論的話題只與工作相關，好讓大家覺得自在、樂於社交。

在此，我想要解釋一下。許多會議主持人很外向、思緒快速，所以不覺得為了延續話題，突然丟出一堆激發思考的破冰話題，有什麼不恰當。然而若沒有時間事先準備，許多人寧可不出席會談論自身的會議。因此，只談與工作相關的話題，可讓更多人願意加入討論，而不是被迫回答看來有些侵略性的提問，像是「你的夢想是什麼？」甚至是「週末有什麼計畫呢？」

在歸屬感章節，談到這類型的會議中，我最喜歡問的其中一個問題：「最近有什麼跟工作無關的好事？」就我的經驗來說，人人都可以回答，而且不會覺得自己是在練習公開發表意見。

### 檢討會議

檢討會議（或稱為彙報、行動後檢討）的重點，是檢視先前活動，看看哪些活動有成效、哪些沒有，以助了解有哪些部分可以應用到現有或是未來的計畫和專案上。

### 資訊更新會議

資訊更新會議的目的，是整理出關鍵資訊，讓團隊成員了解現況，並提供一個讓大家提問的場合。資訊更新會議是建構意義的會議，讓成員釐清現在正在發生的事情。

經過考量，我才在這份清單納入資訊更新會議。因為我參加過許多資訊更新會議，會議內容要不就是只需要發一封電子郵件即可解決，要不就是塞了太多高層溝通的內容，以至於我在開會後比開會前更搞不清楚狀況。

資訊更新會議的良好經驗法則顯示，開完會成員應該感覺更清楚狀況，意見更一致，更想投入今後的工作。不過，「投入」不一定表示受到啟發或感到興奮，而是有決心時才會出現這些感覺。

## 運用會議方塊

把六大會議類型想成組合方塊，從中選擇方塊規畫建立歸屬感的會議、協助腦力激盪的會議、協助決策的會議，或是規畫提供資訊進度更新、能進行決策以利推進工作的會議。

把每個方塊想成各自獨立，有助從不同面向改善會議。

## 打造互補的會議

不是每個會議組成方塊，都可以與其他方塊相互輔助搭配。舉例來說，檢討會議後緊接著凝聚團隊會議就有幾分難度。如果大家在檢討會議裡十分坦誠地表達哪裡做好、哪裡沒做好，在後續的凝聚團隊練習活動裡，心裡其實會有戒備感。的確，有些工作彙報的方式，可以協助建立歸屬感，但操作起來並不容易。會議主持人應該清楚，把這兩個方塊擺在一起，很有可能是在玩火。

動腦、決策、規畫三個會議方塊，看起來好像可以自然互補，但要涵蓋在一場會議裡，其實很有問題。轉換這三種會議的心理狀態相當困難，也就是說身為會議主持人的你，必須非常清楚自己現在處於哪一種心理狀態。

## 宣布切換方塊

假使在會議主持人沒有宣布的情況下，從某個會議類型切換到另一個類型時，大家會混淆，不知該如何投入，可能也不確定需要貢獻什麼樣的意見。因此，會議上宣布切換方塊，可讓團隊成員知道該如何搭配合作，讓每個階段更加圓滿。

回到動腦與決策的例子，在同一場會議裡搭配使用的話，結果可能一團糟，但也可能非常奏效，端看會議主持人是否妥善宣布目前會議進行的階段。我建議先從動腦會議開始，結束後再明

確宣布進入會議的決策階段，這樣大家就會知道沒有時間再提十八個意見了，而是要精簡眾多想法、找出最好的方式。對於熱愛創意發想的同仁來說，明確聽到這樣的宣布非常必要。

然而有的時候，會議進行時會無預警地轉移到另一個會議方塊。資訊更新會議就特別容易變成決策、檢討、動腦會議，當會議進行到七項資訊更新中的第三項時，有人跳出來詢問策略相關問題，或是開始動腦思考解決方案，此時會議主持人的工作就是站出來表示：「非常感謝你的建議。不過，這場會議的重點是提供資訊更新，所以我會另外安排時間找大家集思廣益或是討論規畫。」

### 避免塞爆會議

了解團隊的運作方式後，團隊會逐漸知道議題討論和切換會議類型需要多久時間。假設我看到一份議程表，載明在一個小時內動腦討論六個議題，我就會知道可不可行。以我的團隊來說，一個動腦階段平均要花費 20 分鐘的時間，也就是說我們得另外安排一段比較長的時間來開會，或把討論內容分成數個部分，又或是找其他方式集思廣益。

看到會議被塞爆時，要克制想抽掉會議開端的凝聚團隊方塊的衝動，也要克制想抽走會議最後統整下一步行動的衝動。這兩塊都是會議非常重要的部分，抽掉後雖然可以省下 5 到 10 分鐘，但後續在團隊績效、歸屬感、協作上會帶來更多問題。

若真想抽掉部分會議議程，那就辛苦一點，挑出真的需要涵蓋在這場會議裡的內容，然後決定有哪些部分可以在其他時候討論。若是需要數場會議才能夠完成，就多規畫幾場。總之，不要試圖一次擠進所有東西。

**制定清楚的會議議程（明確指定主持人）**

　　如果哪天我成了會議之王，會有兩項規定。一是沒有會議議程就不能召集會議，二是沒有明定主持人就不能要求開會。

　　這兩項規定有著密切關係，如果沒有確實做好，又會回到「某人」的問題。某人會搞定議程，某人會帶領大家討論，可是當大家在早上 11 點登錄視訊會議時，某人卻沒有出現。

　　我的規定就是：召集會議者就是會議主持人。若你想要開會，那麼會議議程與帶領討論的工作就落在你身上。這份工作的難度比多數人想的還要困難，因此會讓大家往後想利用會議以外的方式取得資訊。

　　回想一下會議方塊，可讓主持人和出席會議者更清楚開會目的。若我被告知會議是要「談談」某專案，我其實不清楚該如何準備，但若被告知會議是要替專案進行決策，那我出席會議時會明確知道自己要做什麼事。

　　除了指定主持人，指定其他會議角色成員也會有幫助，像是會議紀錄人及掌控時間的計時員，可確保有足夠的時間進行意見整合與下一步行動。

## 會議範本

會議主持人的工作大多落在思考如何有效帶領討論，這項任務有一種快速的作法，就是運用會議範本。會議範本只是概略的會議議程範本，內含特定類型會議的主要建構方塊，並未規定要嚴格遵照辦理。

舉例來說，多數的團隊會議皆有一些時間說明前提摘要，以及暖場讓彼此熟悉，然後才能正式進入議程討論。不過，凝聚團隊會議方塊的做法有許多種。可以開放閒聊，像是在週一早上的資訊更新會議裡，讓大家花幾分鐘談談週末發生的趣事；也可以運用較有架構的方式，讓大家有 1 分鐘的時間回答破冰問題。

Productive Flourishing 團隊的資訊更新月會裡，開場就是讓大家分享自己的好事與想要慶祝的事。這麼做的好處是讓大家有個輕鬆愉快的心情，也讓成員了解彼此近況，同時好好為後續會議準備好信心與前進的動力。

若是安排解決問題的會議，可能要先規畫資訊更新的會議方塊，確保大家資訊一致，接著進入動腦會議階段，然後再進行規畫和下一步行動的討論。會議範本建立完成後，每當成員想要召集會議解決問題時就可以使用，不用每次從頭草擬會議議程。

製作會議範本的附加好處，是在建立或重建會議範本時，有個好機會讓團隊一起思考大家在會議外做的事。

舉例來說，當我們製作團隊發展會議（這是我們看待績效檢

討的觀點）的範本時，促使我們重新思考團隊想要如何處理整個評估過程。一般來說，績效檢討都是由上而下，老闆走進會議室，告訴大家哪裡做得好、哪裡做不好。Productive Flourishing 團隊決定翻轉這種模式，改為準備軟體程序以便團隊成員告訴主管事情的發展狀況，並告知可能需要討論的挑戰性議題。

我們的團隊發展會議共分為幾個關鍵部分：

- 討論近期一段時間以來做得好的地方。
- 詢問遇到的內部挑戰（如行程安排未符合團隊的作息型態）。
- 詢問有哪些外部阻礙妨礙工作（如團隊優先事項不清楚或是有衝突點）。
- 詢問是否有想與主管或整個團隊討論的挑戰性議題。
- 詢問未來想要聚焦的目標。

建立會議範本有助重塑典型的績效檢討會議，轉變成可提升歸屬感的會議，積極應對艱困的談話內容，能替未來帶來期待。

---

## ｜火箭練習｜建立會議範本

- 團隊最常召開什麼類型的會議？試著以不同的時間區段分類：

每日、每週、每月、每季、每年，不要擔心第一次就得全部列出來才行。若時間有限，可先從每日和每週的定期會議開始。

- 初步挑選兩、三種會議，檢視目前使用的組成方塊：添加哪些方塊有助改善會議（如會議開場加入凝聚團隊方塊）？可以移除哪些方塊（如資訊更新方塊可以改成寄發電子郵件）？

- 下次開會前，先把自己的會議範本分享給團隊成員，別立即改用全新的方式，以免嚇壞他們。運用 IKEA 效應，藉由邀請成員一起建立更好的會議架構，讓大家響應這套作法。

- 決定進一步修改會議範本前，先讓團隊使用三到五回，如此便可知道每個組成方塊實際上需要多久時間，幫助團隊了解新的會議架構取代、吸收了哪些團隊習慣。

- 審視會議前，請先建立會議範本資料庫。每週聚會應該涵蓋哪些部分？可添加哪些內容讓會議效力變得更好？又可以刪除哪些內容？（會議範本的例子請參見：teamhabitsbook.com/resources）

---

## 把會議預設成「無須邀請」

一旦開始思索會議數學運算後，很快就會明白要求團隊開個 30 分鐘的會議，耗費的成本遠比許多人想像的還要多。或許，結論依舊是有必要開會，但每一位成員都得出席嗎？

我們已討論過許多不用邀請某人出席會議的原因。歸屬感的章節裡，討論過刻意排除是對團隊成員友好的展現。在目標設定與輕重緩急的章節，討論了如果開會會讓戴「青帽」（正在處理專案的高優先性工作）的成員分心，或許他就不用參加會議。

身為會議主持人，你的工作是詢問還有哪些人不用出現在邀請名單裡。

不同於把某些人踢出假日晚會的邀請名單，工作會議排除部分不需要出席的人員，可說是友好和善的行為。此外，當團隊已習慣把會議預設成無須邀請時，便會形成一股力量，確保每場會議邀請的每一位成員都有清楚的出席原因。

若是某人出席會議的原因不清不楚，可從以下兩件事情擇一執行：

- 告知這位成員不需要出席會議並提出解釋。舉例來說，由於會議聚焦於批准準備公開發表的視覺設計系列，但他沒有負責與專案視覺設計相關的內容，所以不用出席。
- 為了讓這位成員更加清楚自己能夠付出的貢獻，仔細思慮會議議程並做相關修改。舉例來說，即便成員沒有負責與專案視覺設計相關的內容，仍可運用其技術專才，確保成員負責管理的行銷自動化軟體，能良好地搭配最終版視覺設計。

「你得隨時了解情況」，這可不是邀請團隊成員開會的絕佳理由。這件事本身沒有不對，但若在會後發送資訊更新郵件，成員只要花個 5 分鐘瀏覽就可以，同時還能兼顧完成自身工作進度。

把會議預設成無須邀請後，每一位出席者都會有其目的，大家心裡也都很清楚自己的目的。如此一來，賦予成員專心投入會議的理由，而不是毫無準備就來開會，又或是帶著牽掛工作的心、被迫開會。

反過來操作的團隊習慣是，讓不清楚的成員開口詢問自己為何要出席會議，但不用帶著敵意，只是要釐清開會的前提背景，以及自己可以貢獻什麼。

「預設無須邀請」的準則有個例外情況：凝聚團隊會議。當大家非常忙碌時，很容易認為自己正在處理高優先性的專案，所以不用花時間出席與手上工作無關的會議。這樣是沒有錯，但也因為如此，我會建議延後凝聚團隊會議，直到每位成員都可以參加時再舉辦。

如此一來，既尊重戴青帽的成員，同時不會讓大家覺得凝聚團隊會議不重要。即便沒有直接表達，但把忙碌的成員排除在凝聚團隊會議外，等於是告訴大家，工作本身比組織團結還要重要。

## | 火箭練習 | 為何我要出席這場會議？

- 針對每位被邀請出席會議的成員，寫下一到三句話解釋其出席理由。若把這些理由與團隊成員分享，好讓大家能夠事前準備、全力投入會議，就更棒了。
- 培養團隊習慣，讓每位成員都可以開口詢問為什麼自己要出席會議。如此一來，出席會議的成員就能扮演更好的夥伴角色，不然就乾脆回到更值得花費心力與時間的工作上。
- 若會議的主要目的是為了凝聚團隊，就等到每位團隊成員都可以出席時再舉行。

## 統整下一步行動

理論上而言，我們都知道整場會議結束後，沒有討論下一步行動就離開，非常沒有道理。所以在會議結束時，記錄我們的想法，並把決定轉化為執行事項。

以實務上來說，我們可能做得不夠好。

主要原因是我們的會議塞滿了各種不同的組成方塊，所以根本沒留下最後 5～10 分鐘消化接下來要做的事。這為什麼會成為問題呢？

- 開會當下的處境與後來執行工作的處境會有所差異，且工作轉移過程很難避免沒有遺漏。舉例來說，我們可能是在會議室用 Google Docs 或白板進行腦力激盪，但我們開會討論的地方並不是團隊儲放草稿與工作內容的地方，所以除非有成員把這些會議紀錄轉化成工作事項，並放置於團隊的溝通頻道，不然這些討論就會不見。
- 我們會期待每位出席者，各自跟進自己的下一步行動。我有我的清單、你有你的清單，但因為沒有一個主要的事實紀錄，所以我們可能各自偏離。譬如，你和我在電話上說好要去加州，但沒有寫下討論內容，所以都沒有發現我指的是北加州，而你指的是南加州。
- 因為看起來好像很清楚誰該做什麼事，所以沒有提出說明。或者，其實完全不知道誰要負責執行下一步行動，但釐清得花很久時間，所以不要管好像比較輕鬆。不論是哪種情況，反正最後「某人」會去做，因為我們根本沒有花時間指派工作。

理想情況是，開完會後待處理的議題應該要比開會前少，若沒有充分討論下一步行動，即便會議解決了幾個議題，但會創造更多待處理的事項。

## |火箭練習|定好下一步行動

練習恰當掌握與指派下一步行動，是很棒的團隊習慣，尤其遇到下列幾個情況時，更要清楚說明才好。

可能有新成員，對團隊正在做的事情沒有很深入的背景認識。或者團隊剛轉換了協作工具，所以必須提醒大家要改去查看Notion。

另外，也有可能當下的時空背景正發生劇烈轉變、優先性轉移，又或是有像產品發表會等極度緊要的活動，以至於團隊被迫停止或轉換習慣的作法。

即便沒有上述情境，但就是沒有下一步行動與執行事項，若是如此，就需要改變團隊習慣。

● 規畫會議議程時，預留 5～10 分鐘的時間統整下一步行動，並指派成員把這些執行項目加入團隊的協作空間。

（記得前一章節我們討論過，團隊工作要放置於團隊頻道裡。）

● 每個執行事項皆包含以下四個元素：

　1. 執行項目的內容為何？

　2. 由誰負責？

　3. 存放於何處？

　4. 我們何時可以在上述地點看見成果？

● 針對統整下一步行動的團隊習慣，如果覺得需要徹底改變，那麼，就另外安排會議討論，如此就不會偏離例會要討論的內

容。運用會議組成方塊，設計一場會議，專門處理這項團隊習慣變革。

## 第九章　重點

CHAPTER 9 TAKEAWAYS

- 會議，可以是強大的力量倍增器，也可以是無敵的力量削弱器。這就是為什麼開始調整團隊習慣時，會議是個很棒的起始點。

- 每一場會議皆有隱藏成本。找來五位成員開一場 1 小時的會議，其實是占用每位成員 90 分鐘的時間。若每週多出 7.5 小時，團隊可以用來做什麼事情呢？

- 每一場會議都應該有主持人與議程。

- 運用六個會議組成方塊（決策、計畫、動腦、凝聚團隊、檢討、資訊更新）打造更優質的會議和制定會議範本。

- 每位出席會議者應該都要有明確的理由，不然預設值就是無須邀請。

- 每場會議結束時，皆要預留時間統整下一步行動。

# 核心團隊習慣，進步無設限

單獨來看，我們是一滴水，
聚在一起的我們就成了一片海洋。
——芥川龍之介（Ryunosuke Satoro）

　　我把團隊稱為組織的原子元素，而本書目前的重點都在談論原子元素如何集體運作，不過本章會聚焦在組成團隊的質子、中子和電子：即個人。

　　軍隊訓練的必要技能可分為三個部分：一般士兵技能、集體技能、單位技能，也就是個人得學習的技能、小隊整體獲得的技能，以及排、連甚至更高階層單位所需具備的技能。我們要在不同階層受訓的原因是，士兵若沒有專精一般技能，就無法執行集體訓練，之後肯定無法參與規模更大、階層更高的訓練。

　　職場團隊也是類似的情況，為了能夠一起工作，個人得先訓

練核心技能，以利協力合作與溝通，並為自己的團隊展現最好的成果。

## 演示你的工作

我所謂的演示工作分為三種：展示你是如何完成的、邊做邊展示進度、展示工作可節省時間，三種皆支持協作章節裡談到的打開黑箱團隊習慣。

### 演示如何從 A 得到 Z

這讓人想起中學的數學課，教代數的陳老師告訴你，演示如何從 A 得到 Z，這樣老師才能看出你對數學規則與推論的理解程度。團隊裡，比起直接展現華麗的大跳躍，卻讓其他成員感到困惑不解，不如演示如何從 A 得到 Z 的過程，養成帶著成員一起前進的習慣。

這部分很重要，原因如下。首先， 這麼做可以揭開傑出的華麗面紗，對團隊很有幫助。有些團隊成員看起來天生在某些工作表現特別傑出，不管是自身想法，還是指派的工作，兩週後總能拿出漂亮成果。這雖然很棒，但營造出一種感覺，讓其他成員覺得自己無法參與這類型的專案。

好消息是，每條通往最終成果的道路幾乎都有循序漸進的步驟，即便得花時間解釋，但傑出的人通常能夠說明自己是如何取

得成果。一旦培養團隊習慣，了解如何取得成果，等於是在分享資源、建立模型與框架，訓練出更有韌性、堅強的團隊成員，以利我們更能全面地相互扶持。

演示如何從 A 得到 Z 的過程，為什麼如此重要的原因還有一個——讓團隊扮演測試人（sounding board，檢測新想法或建議是否可行的人）和檢查哨的功能。團隊成員在了解你的工作方式後，就能更支持你。把想法丟給成員，他們可以像護欄一樣，確保你的工作不是建構在錯誤或是過時的假設上。

## 演示初步草稿

與其等到工作完成才分享，可養成在工作過程展示草稿或半成品的習慣。這麼做，可讓團隊不用開口問就看到工作進展，同時能夠早一點發現問題，並針對有困難的地方提供協助。

分享初步草稿需要彼此信任，同時是發揮短碼和清楚溝通作用的地方。這份初稿只是給大家看看而已，還是已經準備好接收意見回饋？這階段什麼樣的意見回饋會有幫助？只需要架構或概念上的大方向建議，還是需要如鷹眼般揪出錯字呢？

我不是說你得在 Google 文件上，看著右上角視窗成員們的大頭照登出、登入的情況下，編輯每一份草稿。其實，只有少數人可以在其他人監看下拿出最好的表現，你大可關起門專注自己的工作，但要準備好定期分享初步的工作成果。

以這種方式演示工作成果有幾個優點，其中一個就是學習替團隊和自己留下「麵包屑」。

一旦知道有人會查看自己的初稿或半成品，就會開始留下說明解釋某部分的現況。如此一來，你可能會發現哪裡需要投注額外心力，或是表明自己在哪裡遇到障礙、需要進一步的資訊。這麼做不僅可幫助閱讀者了解草稿目前所處階段，當你因為某些原因離開這項專案，再回頭時也不會完全摸不著頭緒。

在初稿上留下麵包屑時，不要寫成只有自己能夠破解的密碼。如同我們在協作寫作章節討論過的描述工作事項與執行項目，留下麵包屑必須當作是寫給完全不了解狀況的人。

## 演示工作可節省自己的時間

最後，演示工作可減少工作相關的許多討論，畢竟我們很多時間都花在執行工作上，而非討論專案現況。

**只要培養演示工作的習慣，團隊看到的不再只是一連串的狀態更新，而是看到實體或是數位成果。**與其向團隊報告自己在執行寫作工作，不如花時間寫份草稿讓團隊傳閱。

演示工作的習慣能夠強而有力地推進許多其他核心團隊習慣。得知你是如何從 A 得到 Z 的時候，成員可以更全面地支持你，而你留下的麵包屑有助成員在緊要關頭接手，協助推動專案。成員看到實體或數位成果時，就能把時間花在溝通相關議題

上，這遠比更新工作進度有意義。

---

## ｜火箭練習｜開始演示工作

- 團隊現在如何分享工作？為了能提供更多工作項目與專案的現況資訊，以及在專案卡關或需要額外支援時分享訊息，團隊可以做哪些改變呢？

- 展示成果進度的最佳區域是什麼？既可展示和慶祝工作，又不會讓團隊被審查和批准的循環週期淹沒？

- 有什麼工作事項和專案好像依賴著單一成員？團隊和該成員能如何演示工作是怎麼完成的，好讓更多成員學習其中內容和提供協助？

- 需要做哪些轉變，好讓團隊自在地分享自己的半成品、草稿與初步成果？如何營造正向積極的日常作為，而不是只有當成員或主管開口詢問時才做？

---

## 運用專注時段看清自身能耐與優先順序

我在《完事大吉》裡談到四個日常基礎方塊：專注時段、社交時段（social blocks）、行政作業時段（admin blocks）、恢復時段（recovery blocks）。專注時段是引擎，負責啟動最重要的工

253

作，在這段 90 分鐘到 2 小時的時間，我們特別有創造力、充滿靈感，可以進入深層工作模式，專注投入專案，以推動專案前進或是完成。

我們習慣以 1 小時為單位切割工作日，那為什麼要把專注時段設為 90 分鐘到 2 小時呢？因為人沒有辦法如自己所想，在 1 小時內做那麼多事情。進入工作狀態需要時間，也需要在最專注、最有創造力的時候工作；而放鬆、投入另一個專案同樣需要時間。90 分鐘到 2 小時的時間，才足夠從暖身到專注、再到放鬆專注力，這也是許多人自然會有的循環過程。

當你開始以專注時段的方式思考，等於獲得很棒的專案估算工具。多數人不會估算工作所需的時間，若以分鐘數來算更是困難重重，我們非常不會估算 5 分鐘甚至 1 小時能做多少事。然而涉及團隊時，我們出乎意料地十分會估算扎實的專注時段裡，個人或團體可以做多少事情。

我們知道，若能心無旁騖專心工作，其實可以完成多少事情，因此我們很會估算需要多少專注時段完成某幾個專案。與其估算所需時數，可以使用專注時段做為專案計畫的基礎組成方塊。以一般專案來說，團隊會知道珍妮需要三個專注時段完成工作，安東尼和卡門需要兩個合作時段完成共同工作，而梅琳需要一個最後階段時間完成審查流程。

以專注時段來看，我們會發現一個殘酷的真相：專注時段太

少（或是沒有）的時候，根本無法完成工作。以我諮詢過的多數團隊來說，與要背負的工作量相比，大家的專注時段都太少了。

## 你有多少專注時段？

如同我們在前一章所做的會議數學運算，現在要來談一談專注時段的數學運算。

在考量新專案時，需要慎重思考自己還剩下多少專注時段。如果你的情況跟多數團隊一樣，你可能已經滿載，若套用在規畫章節裡談過的 85% 原則，基本上你的負荷早已過重。

**我的慣用原則：每週、每個專案需要三個專注時段才有進度。**一週裡，需要數個深層工作的區段，才能在下一次的行銷活動裡達標、釐清人員配置的策略、更換貨運廠商的決定。

也就是說，每個團隊完成一件工作所需的時間並不相同，得視準備程度與績效表現而定，此外每位成員所需的時間也不盡相同。運用專注時段的機會愈多，愈能估算多數情況下自己與團隊完成普通專案所需的時間。

查看自己的行事曆，你還剩多少個專注時段？或許你覺得還有空間安排十個專注時段，但是這其中有多少時間沒有被緊急或例行工作占據呢？若把例行工作和緊急工作拉進來，多數團隊的專注時段——幸運的情況下——會從十個降為二個。

如果你知道剩下二個專注時段是要給現在手上的專案，而新

專案每週需要四個專注時段，這下子就很清楚了。你沒有辦法把十四個單位的工作裝進只有十個單位空間的袋子，這表示你需要創造更多單位空間。要不丟棄現在進行的部分專案，要不就是加快速度，因為目前而言你沒有機會承接新的工作。

認真看待專注時段的數學運算後，也會催化對話的談論內容。團隊開始清楚看見成員行事曆上還有哪些時間可以完成工作，同時發現不只一位成員時間不夠、進度落後，其實整個團隊可能都非常缺乏專注時段。

或許團隊會開始注意，成員有多少個專注時段其實是落在晚上或週末。若會議安排導致成員每日行程都是坑坑巴巴的，那麼晚上和週末可能是成員唯一可以進入深層工作的時間了。

不斷把工作帶回家，不只會讓個人感到挫敗、煩躁，對整個團隊來說也很不公平。

不管社會如何規範、成員的角色是什麼，一整個星期，某些成員背負著團隊的情緒勞務，也就是說這些人的行事曆被其他成員的優先事項占據了。最後，他們只好把工作帶回家，且多數情況下，這些成員可能在家也得承受情緒勞務，因為得挪時間給思緒勞務（conceptual labor，編按：與知識工作相關的勞動，涉及大腦認知和思考過程），彌補平日白天無法做出的工作貢獻。

打開團隊行事曆、討論專注時段，可藉此查看工作實際上是由誰、在哪個時間點完成。希望這麼做有助擴大團隊討論，如何

顧及所有成員的時間，讓大家在最好的時間施展最棒的本事，而不是被迫把工作帶回家。

## 釋放專注時段

做為團隊，我們可以聚在一起、坦誠面對團隊到底有多少個專注時段，然後做出更好的決定解決這個問題。或許，我們需要在擁有的時間內，加快速度、提升效率；或許，我們需要重新安排團隊工作；或許我們可以減少 TIMWOOD 浪費（參見第八章），或是移除行事曆上的例會（參見第九章）。

專注時段的數學運算，與會議數學運算相反。行事曆上每增加一場會議，其占用的時間只會愈來愈多，不過，若每位成員行事曆上增加一個專注時段，便成了無敵的力量倍增器。若團隊發現每週只有二個專注時段進行策略性工作，但找到辦法可讓每位成員每週再多二個專注時段，那麼我們最佳表現的能力就能翻倍。

組織裡的其他人也會注意到這樣的改變。當團隊執行策略性工作的能力翻倍時，團隊可能會被指派更多專案。當團隊成功完成專案時，其他人就會來問你們為何這麼有效率。

這也是在第一章談到的，形塑整個組織強而有力的方式之一，就是團隊能夠以身作則、做為領頭羊。

## 協作專注時段

團隊裡，專注時段未必是一人獨自工作的時間，有時與同事一同解決共有問題，效果或許比較好。

基本上，協作時段就是聚焦專案的會議，規則與專注時段一樣，同時遵循開會的準則，所以常運用上一章所談到的會議方塊。不過，即使有會議議程，但會鬆散許多，可在決策、動腦、檢討、凝聚團隊間快速跳換。因此，可把協作時間想成是爵士樂，而不是交響樂。

協作時段最好有一位專責主持人（至少有些簡單的主持工作），確保工作順利進行，如還剩多少時間、接下來要做什麼、專案進行到哪裡了、現在我們應該要做什麼等。主持人的工作就是確保協作時段沒有偏離工作，同時確保大家有好好運用時間。

第八章討論過執行者、審查者、協調者的三角關係，在這裡便能發揮作用。若協作時段有三個角色，執行者和審查者可能是負責創意發想的互動往來，而協調者則是檯面下的主持人。這個做法很有效，因為協調者需要回報協作時段的工作，好讓沒有參與創意發想的成員了解過程。

如果協調者沒有參與協作時段，通常審查者就是實質上的主持人，因為執行者很有可能得高度專注於工作，若要求執行者維持會議進行，就會影響成效。

## 尊重專注時段

在團隊行事曆上找出可專注的時段是一件事，能否保住整段時間又是另一件事了。

假設團隊下午 1 點開會，吃完午餐後同仁會趕緊回到辦公室，若遇到有人要求「隨手幫忙」，我們會說：「抱歉，我準備要去開會了。」可是，如果時間「只是」留給專注時段，要確保這段時間不被打擾卻非常困難。

許多團隊要不是沒有把專注時段放入行事曆裡（表示專注時間被「空閒時間=有空開會」的常規想法給吞噬了），要不就是暫時設定一段時間，遇到開會就隨意調動。不管是哪種狀況，最終結果就是成員根本沒有專注時段可以投入工作。

比起一開始就沒有在行事曆上規畫專注時間，先暫定專注時段會更讓人感到洩氣。規畫專注時段已經不容易了，若還被調動，就表示沒有實現諾言。

這就是為什麼不只要體認專注時間的重要，還要在行事曆上規畫專注時段並予以尊重，如同對會議安排的態度一樣。

團隊要培養尊重彼此專注時間的習慣，遇到想回絕他人的優先事項時，提出「這時間我要專心投入專案○○」，效果應該就跟「這時間我要開會」一樣。

## 專注時段與作息型態

如同我們在會議章節所做的討論，安排專注時段的時間和安排它一樣重要。你是否根據自身作息型態，把時間安排在可有最佳表現的時段？ 還是說，你總把深度工作安排在精力最差的時候，所以總是苦苦掙扎、費勁工作？

丹尼爾·品克在著作《什麼時候是好時候：掌握完美時機的科學祕密》（*When: The Scientific Secrets of Perfect Timing*）[25] 中，談到作息型態給人們生活帶來的隱藏性影響。以統計學來說，比起法官在早上精力充沛、開心的時候，午餐後或是遇到法官疲憊時，較可能出現嚴厲的判決。醫生也有同樣的狀況，從手術房在下午出現的失誤次數，說明了即便你不是晨型人，還是要盡可能預約早一點的時間。

雖然，你的團隊可能沒有處理無期徒刑或腦部手術等工作，但是作息型態依舊會影響共同合作或個別工作。只有在精力最充沛時才能有好表現，而不是疲憊或肚子餓的時候，也不是分心糾結要吃墨西哥捲餅或泰國菜時。

大多數人可分為三種：早晨雲雀（morning larks）、午後鴯鶓（afternoon emus）、夜間貓頭鷹（night owls）。不過，睡眠專家麥可·布勞斯（Michael Breus）在《生理時鐘決定一切！》（*The Power of When*）[26] 一書中，確立了第四種作息型態——海豚（dolphins），其創造力往往分散在一天之中。

了解自己的作息型態後，可幫自己把專注時段安排在一天之中最有效率的時間，同時找出自己在一週之中精力最佳的時間。接著培養團隊習慣，了解並相互配合成員的作息型態，如此即可協助團隊找出搭配模式，讓大家在最合適的時間移交工作，以利推動工作。

　　**每日**：假設知道自己的創意能量在傍晚時消退，最好在比較清醒的時候，安排需要較多精力與專注力的工作，如深度工作、動腦會議。同時與團隊成員相互搭配，確保在成員最有創意的時候，交接自己負責的部分專案。

　　**每週**：注意自己一週能量的流動狀態；舉例來說，我一般在週一到週三最有精力，然後週四、週五開始衰退。但我的團隊夥伴雪儂剛好相反，週一她的狀態就跟加菲貓一樣，但到了週三，雪儂便進入火力全開的狀態。因此我們合作專案時，最有效益的合作模式就是我在週三前盡可能完成自己的部分、愈多愈好，這樣雪儂就可以接棒，在週末來臨前一路衝刺。

---

## ｜火箭練習｜審視專注時段

- 在沒有看到成員行事曆的情況下，寫下你認為團隊每週共計多少個專注時段，可以專心投入工作、拿出最佳表現，然後估算每位成員個別的專注時段數量。接著，與團隊成員討論實際上

各自有多少專注時間，試著比較成員給的答案與估算值，找出其中差異。

- 本書討論的習慣類別中，哪個習慣最能為多數團隊成員找到更多的專注時段？會議與協作兩大習慣，可說是著手習慣變革的極佳出發點。

- 考量未來可能追求的個人專案和集體專案，與團隊討論若是能取得更多的專注時段，最想投入哪一類的專案或活動？

- 你會如何尊重專注時段？如何把專注時間加入個人行事曆和團隊行事曆？你會如何幫助成員守住專注時段，避免排入會議和被其他優先事項悄悄占據？

- 你的作息型態是什麼？什麼時間有最好的工作表現？與團隊合作時，如何轉移專注時段，以及如何讓不同作息型態的成員自由發揮、拿出最佳表現？不同作息型態的成員要如何搭配，才能夠更好地交接工作？

## 發射、移動、溝通

　　軍事訓練有一句口頭禪「發射！移動！溝通！」這句話深深刻在軍人心底，所以每當射擊時，士兵就會出現反射動作。

　　這句口頭禪聽起來好像跟發射武器有關，但其實與你做的每件事都有相關：**採取行動、移動到好位置、告訴大家你做了什麼**

和你在哪裡。如此一來，大家就會知道各自的下個動作、移動、溝通必須是什麼了。

　　無論實體還是虛擬，這個習慣對於節奏快速的團隊來說尤其重要。當事情進展非常快速，很難做到保持資訊同步。為了避免重工、幽靈計畫（第六章）、Crisco 西瓜（第二章），以及在節奏快速團隊裡每天發生的各種日常碰撞，我們都需要團隊習慣讓成員自主行動、推動工作，然後主動溝通自己做了哪些事。

　　若要翻譯成不會聯想到發射武器的用語，我可能會改成「發動！移動！溝通！」不過，其實運動領域也是使用「發射！移動！溝通！」不管哪種說法，每天都要提醒自己、激勵自己做到這三個步驟，才是最好的。

　　這句口頭禪應用在職場上會是什麼情況呢？

- 發射：發現問題時，制定計畫解決。
- 移動：修復問題，或呼叫很會解決問題的沃爾夫先生（第八章）。
- 溝通：告知大家你做了什麼、更新現況。

　　「發射！移動！溝通！」不只要你在專案貼上 OK 繃，繼續往前走，而是承認問題、負起解決問題的責任，然後終結這個迴圈。要做好這件事，其中一部分就是了解各種會出現的問題，在

修復上，幾乎都有兩種等級。

## 局部性問題修復

　　客戶來信抱怨 APP、服務或產品的某個特定問題，那麼等級一的問題修復就是立即、快速解決客戶遇到的問題。

## 全面性或系統性問題修復

　　前端哪部分的流程或系統導致客戶發生這個問題？該如何解決才能避免給更多客戶帶來問題？

　　若採取「發射！移動！溝通！」的話，你會：

- 發射：主動解決客戶的問題。
- 移動：深入查找過程中導致問題發生的缺失。
- 溝通：告知團隊，為了解決等級一的問題，你做了什麼，以及為能解決等級二的問題，你的 DRIP（參見溝通章節）是什麼。

　　一般通則是，先著手局部性修復，然後尋求全面性或系統性解決方案。在上述例子，即使你忙著在後頭解決客戶提出的問題，但如果沒有聯繫客戶讓他們知道狀況，客戶的煩躁感只會一直增加。因此，不要因為忙於解決全面性的系統問題，而讓初始問題在一旁延燒。

學習同時解決兩個等級的問題修復，這是可以培養的優秀團隊習慣。假若團隊成員只處理了客戶端，卻沒有解決前端引發客訴的問題點（至少把問題提交給適當對象），就會讓其他成員感到煩躁，因為這會導致團隊一再為了同樣的問題忙碌不已。

　　之所以時常出現壞掉的印表機，其中一個原因就是有人只停留在處理等級一的問題，然後把壞掉的印表機藏在櫃子裡，或是放在會議室的椅子上，然後甩甩手離開了。由於沒有人處理等級二的問題，壞掉的印表機就成了角落裡煩人的東西。

---

## ｜火箭練習｜發射、移動、溝通

- 回想一下團隊平時遇到的問題種類，是如何溝通處理等級一的問題修復呢？等級二的問題辨識與處理流程又是什麼？團隊是如何溝通的？

- 什麼樣的問題只會有等級一的修復，但沒有等級二的修復呢？團隊如何揪出這種問題，以及如何解決？

- 團隊習慣有哪些需要轉變，好讓大家在遇到等級一的問題時就著手處理？又有哪些習慣需要改變，好讓更多人能夠處理等級二的問題，而不是讓解決方案卡在一、兩個人的手上？

---

## 秀出阿基里斯腱、消滅弱點

每個人都有弱點。你可能很會簡報，但不太會做簡報設計；你可能很會安排團隊專案，卻非常不會管理自己的待辦清單；你可能對於解決客訴非常在行，卻無法與團隊成員討論難以啟齒的挑戰議題。

我們每個人都有這麼一塊領域，表現不如自己期望的那樣美好，因為我們終究只是人類。不管是因為自尊、害怕被取笑，還是渴望成為一流人物，一旦我們試圖隱藏，這塊領域就成了我們的弱點。

有了裂縫的盔甲可能會致命，好消息是你不需要拿著這樣的盔甲到處走動。**與其隱藏或忽視自己的阿基里斯腱，不如告知團隊，把弱點轉為優勢。**

套用我在《道德經》喜愛的話：「聖人不病，以其病病。」如果當初阿基里斯知道自己的肌腱很脆弱（又或是沒有那麼傲慢），可能就會好好保護自己的肌腱。如果你願意向團隊展現脆弱的一面，坦承自己的弱點，就能避免讓自己的弱點變成問題。

若你選擇默默掙扎，而不告訴團隊你遇到致命弱點，最後看起來會像是你沒有完成工作，或是無法拿出好的表現。你的團隊或主管可能不會明白，你與試算表的關係就像油與水一樣，只是覺得你無法完成全部的工作。

此外，有位團隊成員可能在你老是做不好的事情上表現傑

出，又或是非常熱愛你討厭的工作。那麼，當你默默掙扎時，等於是剝奪了他閃耀表現的機會。

坦承自己的脆弱，需要歸屬感和強大的信任，而擁有最佳績效的團隊，成員往往非常清楚彼此的弱點與強項，在每個任務裡相互扶持。做為團隊，我們可以建立一張團隊的阿基里斯腱地圖，標出每個人的強項與弱點，腦力激盪找出最能完全相互支援的方法。

舉例來說，假使我知道你對試算表非常不在行，我會花時間訓練你，又或是安排試算表高手跟你合作；如果我知道業務銷售不是你的強項，我不會安排你負責完成交易，但可以讓你負責專案，此時你的工作就是找到沃爾夫先生幫助你完成即可。

消滅弱點的重點：團隊裡要有人邁出第一步。這非常需要勇氣，因為此人要展現脆弱的一面，表示：「這件事情我很不在行。」

我們都需要練習尋求幫助，而且許多人也需要練習分享自己隱藏的超能力。每個人都有阿基里斯腱，而為自己某個弱點尋求幫助時，等於是協助有特殊能力的成員找到發揮的機會，這點也可能成為團隊的強項。

結果，我們轉移了弱點周圍的能量，團隊因而得以相互照應、支持、互拉一把。如果你願意帶頭改變，秀出你的阿基里斯腱，就可大大扭轉團隊的績效與歸屬感。

## | 火箭練習 | 製作阿基里斯腱地圖

- 若團隊深具信任感,建議日後某場會議裡,可以開始討論這個議題。這既是凝聚團隊、也是動腦會議方塊,大家可以分享各自的「阿基里斯腱」,以及隱藏的超能力,並協助找到能夠支援成員的解決方案。

- 若團隊的信任度不足,可以先跟信得過的一、兩位成員分享自己的阿基里斯腱,對方可能也會跟你分享自己的弱點。隨著時間發展及團隊的信任度增長,可以逐步製作阿基里斯腱與隱藏超能力的地圖。

- 當成立小組、專案團隊時,刻意加入有能力協助自己阿基里斯腱問題的成員。即便不是自己專案團隊的正式成員,還是可以在協作階段,應用這些成員的專才。

- 每當聽到團隊成員談論弱點或阿基里斯腱問題時,要謝謝他們願意分享。這麼做可以建立團隊文化,讓大家感覺揭露弱點是件安全的事,也明白有需要的時候可以請求協助。

## 學習如何協助進度落後的成員

既然本章已經承認我們只是人類罷了,那麼也要曉得人類就是會跟不上進度。

我們會生病、也可能發生意外狀況。我們被指派接下時間緊迫的策略專案，因為領導人沒有應用規畫章節裡談到的 3×準則。優先事項會改變，新目標會出現，經濟也會來個大反轉。

團隊工作中，如果有位成員的進度落後了，其他成員的進度也會跟著落後。實際情況是，某個時間點團隊至少會有一人的進度落後，這就是工作的本質。

很可惜的是，許多團隊並沒有接受人就是會跟不上進度的事實，也沒有培養團隊習慣幫助大家趕上進度。反倒是建立起讓焦慮不斷悶燒的壓力鍋文化，因此無法接受進度落後，導致出現錯綜複雜的壓力（這種情況只會讓進度更落後）。演變到這種地步時，團隊會過於疲憊，或是發生人員離職的情況。

**我們需要將人都會落後的事實正常化，培養團隊習慣，好在進度落後時伸手協助。**事實證明，提供幫助有建設性和不太有建設性的方式。

每當看見有成員進度落後，我們太常直接認定成員需要協助，或是出手分擔工作。這種介入的作法一般都是善意，但可能讓問題變得更糟糕。要在其他成員沒有生氣的情況下趕進度，或是因為工作被分擔而感覺自己很失敗，都相當不好受。

如果成員是因為生活遭遇問題而導致進度落後，這股難受的感覺會更嚴重。通常我與團隊第一直覺反應是告知對方不要擔心專案，或是把部分工作改交給其他成員。不過，許多人透過工作

得到成就感，找到意義與目的性，因此遇到個人生活不順遂，或許工作就成為唯一的依靠，這時把工作分擔掉可能只會讓情況變得更糟。

如果我們不好直接介入協助或是分擔工作，那麼可以如何協助進度落後的成員呢？

首先，取消進度落後的懲罰，試圖找出到底發生什麼事情。我擔任領導者已久，所以知道當團隊進度落後，原因時常出自我在前端做的選擇所致。有時，成員不清楚跟上進度代表什麼意思，有時是因為幽靈計畫。也有可能是因為溝通習慣不佳，所以大家在時間軸、期望、行程規畫上的想法不一致，但有可能是因為團隊不清楚誰站在一壘，或是不知道該由誰決策。

了解根本原因後，就可以開始尋找解決方案了。

然而，為團隊成員積極設計「解決方案」前，我會建議一個簡單但有力的作法：**問問本人需要什麼，接著準備。**

培養本章節討論過的部分團隊習慣後，實做起來會比較簡單。首先是這些習慣會讓團隊有共通的語言，進度落後的成員可以表示：「我進度落後了，因為我每週的工作需要六個專注時段，但我每週只有二個。」或是「我進度落後了，因為這項任務戳中我的阿基里斯腱，所以我需要呼叫沃爾夫先生。」

或許，這週剩餘的時間裡，這位成員需要戴上青帽，專注趕上進度，而不是出席一大堆會議。或許，他覺得獨自工作太困難

了，只有與人交流、或是與其他成員合作時，才能有良好的表現，所以需要一個或兩個協作的專注時段。

我們認為支持就是提供：資源、出手、監督。不過，更多時候，我們該問的是需要拿掉什麼：會議、例行工作，以及本來就不該由他承擔的責任。

---

## |火箭練習│支援團隊成員

- 若團隊成員沒有主動表示自己進度落後，可先找成員討論，詢問他專案做到哪裡、是否有跟上進度。釐清工作進度後，就可以開始動腦構思跟上進度的作法。

- 與其提供成員解決辦法，可詢問他需要什麼支援，更重要的是準備好支援所需的資源。記住，支援可以是增加、也可能是刪除某些東西；或許成員需要更多預算，或是本週跳過幾場會議。要記得的是，有時成員並不清楚自己需要什麼，因此可以提出更明確、引導式的問題，幫助他思考自己需要什麼支援。

- 倘若整個團隊都不知道進度落後的狀況，徵求成員同意，告知其他成員，並詢問需要什麼支援。或許，成員會希望由自己出面說明，又或是需要有人護航，好讓他們可以繼續完成手上的工作。

---

## 直接回饋，不透過他人

如同我們在歸屬感章節所做的討論，快速移動時，人與人之間總會發生碰撞。其實，有時就得直接回饋意見；可能是嚴厲的回饋，或是難聽卻有益的回饋，也有可能是建設性回饋。無論是哪種回饋，與同事直接分享，有時感覺會很尷尬。

正因如此，許多團隊會出現不好的習慣，遇到碰撞就避而不談。出現意見回饋時，則是透過主管或其他成員轉告當事人。這會形成一種不自在的三角關係，被牽扯的成員搞不清楚為什麼要這樣做，也會徒增他人工作量。

更糟糕的是，需要聽到意見回饋的該位成員，可能會感覺被背叛了。

多數人會希望直接聽到回饋，繞過當事人會削弱信任感，同時侵害一個事實：你真正的團隊就是那四到八位經常一起工作的成員。

此外，每當你把某件事情升級，拉進另一位成員時，便耗損了團隊的歸屬感與信任感，以及一部分的組織社會資本（social capital，譯按：群體一起生活或工作所建立的關係網絡，有其情感、信任感、價值觀等）。愈能處理自己事務的團隊，就愈能自在地共同培養更好的團隊習慣。

我想要補充一點，如果你覺得人身不安全，或是覺得提出意見會被報復，這就算是人事管理議題了。不過，我們在此談論的

是彼此認識、喜歡和信任的團隊成員間，日常發生的一般碰撞，這時建立直接給予回饋的團隊習慣就變得非常重要。

## 看一下時間點

若團隊成員今天壓力大，或是整個團隊處在某個專案的高壓狀態下，可能要等到比較好的時間點再來聊聊那一次碰撞。又或是自己需要幾天的時間，好好想一下如何表達自己想說的事。

不過，不要拖太久。拖久了才提出來的話，可能讓對方誤以為你隱藏這麼久是因為事態嚴重，但實際情況並沒有這麼糟。

## 提出前提背景

沒有人會喜歡收到的訊息寫著：「嗨，我們可以聊一下嗎？」這很容易讓人想成發生很糟的事，但其實團隊成員只是想把你加進某封信的副本收件人。

當你要聊聊碰撞事件時，先描述那一次意外，解釋自己為何會有不舒服的感受，並提出自己的疑問。

## 著重在理解

請記住，討論並不是去責備對方，而是傾聽與理解，或許最後會發現完全是誤會一場，很多事都是想像出來的。

對話不在於要鞏固權力，或是把自己的意願加諸在對方身上，而是建立共同橋梁，畢竟往後你們還是得長時間相處。因

此，質疑團隊成員有不好的意圖前，請先選擇相信對方。

## 想想最好的情況

有太多人，包括同儕和主管等人，都會想要推遲艱困的談話議題，原因是擔心出現最糟的情況。要是我傷害了他怎麼辦？要是他不肯原諒我怎麼辦？要是他不願意再跟我合作怎麼辦？

然而，正是這類型的談話內容，可幫助團隊帶來更深厚的歸屬感，讓成員關係更緊密，協助團隊成就更多。

停止老是想著最糟的情況，開始想想最好的成果吧。碰撞問題解決了，彼此的信任度也增加了。劇透資訊：這往往是最有可能出現的結果。

---

## | 火箭練習 | 直接給出回饋

- 如果你需要向某位成員提出建設性回饋，請先相信對方，運用遇到碰撞問題與團隊習慣裡的語言，討論造成摩擦的實際情況、準則或過程。
- 假設你是主管，詢問團隊成員時是否已經與同事直接對話。若答案是否定的，還要追問原因。若答案不是個好理由，如情緒上的不安或是人身安全考量，請讓團隊成員自行處理。身為主管的你可以訓練大家，運用最好的方式表達意見，但不要把那

隻猴子（參見第四章）直接拿走，然後自己成為人際關係議題的實際調解人。

- 談話過程中，判斷這起碰撞意外是否由其他團隊習慣所引起？或許整個團隊可以就引發問題的習慣進行討論，如此對大家都會有益。此外，是否帶出更大範圍的影響，所以需要告知其他團隊成員？

---

## 績效與歸屬感

在身處的團隊裡，你知道自己可以尋求幫助，而成員們也會聚集在身旁，這感覺真的很棒。這股感受會讓大家相信自己有能力共同完成艱難的任務，每次團隊完成任務時，等於是在歸屬感的鏈條上鍛造另一個環圈。

在本書中，我發現每個團隊習慣類別都是建立在其他習慣類別之上，會彼此相互影響。不要因為本書的順序編寫，就以為終點是核心團隊習慣。

的確，本章把我們帶回到歸屬感，終結團隊習慣類別的討論。就像歸屬感會為更優異的績效表現打下基礎，良好的績效也會替歸屬感打好基礎。這就是有趣之處：我們經常在尋找單向的因果關係，但實際上系統是相互反饋的迴圈。

持續改善團隊習慣時，要繼續留心注意其他習慣類別裡出現

的**轉變**，並慶祝團隊更往前邁出一步。這趟富有意義的旅途，對於團隊關係會變得多緊密，或是團隊績效表現變得多好，全都毫無設限。

## 第十章　重點

CHAPTER 10 TAKEAWAYS

- 為了讓團隊展現最好的成果,個人必須練習特定的核心技能。
- 演示工作:演示如何完成成品、過程中要演示初步草稿、演示工作能夠節省自己的時間。
- 審視團隊行事曆上有多少個專注時段,就此計算團隊可以完成多少工作。
- 發射!移動!溝通!每當看到問題,即可規畫解決計畫;解決問題,或是呼叫內行的沃爾夫先生協助;接著,告知大家你做了什麼。
- 練習辨識局部性問題之外,也要練習找出全面性或系統性問題,如此一來,才不用老是處理同樣的問題。
- 藉由培養團隊習慣,與團隊分享自己的弱點與超能力,把阿基里斯腱轉為優勢。
- 要是團隊成員進度落後,詢問他需要什麼協助之前,不要做任何假設。

# 11

## 團隊習慣具有政治性，來玩遊戲吧！

改變，說明過往不完美，大家想要更好的事物。
——艾絲特・戴森（Esther Dyson）

　　任何嘗試改變個人習慣的人都知道，改變習慣是相對簡單的過程，不過簡單並不代表容易。無論是建立新的運動習慣，還是在睡前放下手機、改閱讀一本書，剛開始的滿腔期待無法帶我們走得很遠。新的習慣必須與惰性巨獸大戰，這是一隻源自我們既有行為的野獸。

　　我期望當你讀到這裡時，熱情已被點燃，有想要改變的團隊習慣，甚至還有幾個開始執行的想法（這部分我們稍後再談）。然而，就跟改變個人習慣一樣，即便是最簡單的新團隊習慣，在確實培養成習慣之前，得經歷一段長期苦戰。不只要面對強大的團隊惰性巨獸，以及怠惰無法前行的組織，團隊習慣變革的社會

要素（social aspect）也會讓事情變得更複雜。因此，若團隊意見並未一致，新的團隊習慣完全不會有勝算。

展開改變團隊習慣的旅程時，也是在改變約定成俗的社會行為，而且這些社會行為在近期多半沒有被鞏固或維持。

第二章裡，我們談到如何運用 IKEA 效應，邀請團隊成員一起投入培養新的習慣。很多時候，我們當下面對的現況其實就是 IKEA 效應的成果。我們一起工作，成就現在的我們，這表示即便不是最渴望的選項，仍能感受到 IKEA 效應。我們長期以來做事的方式，當中仍有許多自我想法和沉沒成本謬誤，或許不夠完美，卻是屬於我們的方式。

每當我提供諮商，執行這類型的改變任務時，我都會當成是走入他人的領地，這群人在這塊土地上耕種了好一段時間。就算我相信自己的建議能夠大幅改善現況，只要我在這塊土地上做些事情，他們也會很開心。同時，我很清楚你無法走進他人的土地，也無法在沒有徵得同意前就開始砍樹、移除籬笆。

謹記這道比喻，對於改變團隊習慣會有很大助益。即便既有的團隊習慣已經起不了作用，而它之所以存在，都是有原因的。畢竟，成員們花費了一番功夫耕耘這塊特定土地，要讓他們收下習慣變革的願景，第一步就是要認同、尊重以前所做的一切。

我說團體習慣具有政治性，不是那種會在背後捅人一刀的權力遊戲、派系、搞小團體等負面的職場政治，而是針對共同意念

把一群人聚在一起的過程。

**團隊習慣，關乎合作而非權力。**你不是在說服團隊成員接受自己的方式才是對的，也不是要團隊成員放棄他人意見、選擇自己的想法，你的目標反倒是說服每位成員共同合作、創造願景。適應新習慣已經夠難了，而透過政治性工作可讓團隊成員齊心協力，讓每一步走得容易些，面臨的阻力也會比較小，突破障礙較容易。況且，當方向走偏時（一定會偏離），只需要問：「我們怎麼變成意見不一了呢？」不用問：「誰做對了、誰做錯了？」就能快速回到正軌。

團隊在專案上意見一致，是通往強力變革的唯一道路。不過，習慣要能夠成功，還需要一位鬥士。

## 誰是鬥士？

壞掉的印表機在會議室的第三張椅子上放了那麼久，其中一個原因就是團隊認為「某人」在某天會去處理它。你讀到這裡時應該已經明白，「某人」從頭到尾都不會做任何事，除非有位鬥士站出來，集結大家加入團隊習慣變革專案，否則這一天永遠不會到來。

若說團隊習慣具有政治性，那麼鬥士就是活動代言人了。鬥士就是那一位有活力、渴望改變、會堅持到底的成員。

若團隊有濃厚的歸屬感，鬥士的工作就會直截了當。你的團

隊已經相當團結，即便事情沒有跟著規畫發展（這部分我們下一章會討論），整個團隊也會持續陪伴在旁，無須重新協調、促進發展。

若是團隊的歸屬感低落，那鬥士的工作會比較艱困。記住了，說到團隊習慣變革，打倒對手並不代表勝利，勝利是與隊友建立、強化夥伴關係。而鬥士的工作就是保持這樣的節奏，當發展出現異狀，持續不斷把成員拉回，並運用成員的語言進行溝通。

誰能夠擔任鬥士呢？只要對特定變革具有熱誠，同時有貫徹到底的決心，任何一位成員都可以出任。

團隊的鬥士不必是領導人或是主管。其實，如果鬥士不是領導人或主管會很棒。首先，團隊主管和領導人手上的工作已經很多，再把新的變革管理專案加到他們身上，優先性肯定會被排到後面。再者，團隊習慣變革並不需要特定的職位或權力才能實現，可以整個團隊一起改變，也就是說每一位成員都可以是團隊習慣鬥士。

變革鬥士（儘管有能力）也不一定是負責管理專案者，這兩個角色分開的好處，是讓有餘力的人有機會在團隊扮演不同的角色。變革鬥士或許有能力、也渴望協助促進發展的工作，但其職位可能不負責管理專案，然而有時間管理者卻可能不喜歡出任鬥士。

鬥士可以負責處理政治事務，好讓團隊習慣變革經理人專心處理讓新習慣誕生的工作。總之，（即便是同一人）還是要搞清楚由誰負責哪個角色。

在組織階層裡，找團隊外的人員來出任鬥士，也很有幫助，特別是想要改變的團隊習慣會直接影響到其他團隊時，幫助會更大。外部鬥士可以向團隊外的人員解釋，為何該團隊要採取不同的處理方式，而且若新的團隊習慣會跟組織內其他團隊起衝突，外部鬥士也能出面協助解決。

---

## ｜火箭練習｜挑選鬥士

- 針對考慮改變的團隊習慣類別，挑選團隊習慣變革鬥士。誰最適合出任鬥士呢？若不是你的話，原因是什麼？是否需要從外部找人出任鬥士？如果是的話，誰特別合適這份工作？為什麼？

- 挑選團隊習慣變革經理人，團隊裡的誰特別有機會成為優秀的習慣變革經理人？為什麼？如果不是你的話，原因是什麼？

- 最終裁定人選前，與團隊進行討論，確認大家意見是否一致。若意見一致，詢問有什麼特定方式可以用來支援這些角色。若意見不一致，詢問成員可能需要哪些更動及原因。記住，團隊習慣關乎合作而非權力，要盡可能採納團隊意見。

- 變革鬥士與變革經理人都屬於專案，所以很有可能取代某些人正在做的事情。與團隊討論這些角色時，要清楚表明會占用部分專注時段，這代表參與的團隊成員將無法全然地投入其他專案。

## 誰可能產生損失？

如果說確立變革鬥士和經理人是為了找出誰負責推動專案，那麼需要另外找出哪些人會想就此打住專案。無論是什麼原因，跟其他習慣相比，這些人特別仰賴試圖改變的習慣，又或者覺得目標願景具有威脅。

著手進行變革，有人可能出現損失。或許是先天比其他人更抗拒改變，也可能是以前曾提出改變，但最後造就了現在打算修復的那臺壞掉的印表機。另外，或許是因為持續追蹤 TEAM 成本資源，所以不希望見到現有專案的資源被挪走，也有可能是因為成員認為提出的改變會增加自己的工作量。

許多時候，這樣的成員並不確定自己的責任與狀態在改變後會變成什麼模樣。不確定的巨獸，就跟惰性巨獸一樣力大無窮。人的天性是寧可選擇地獄，也不想要處理充滿不確定性的未知天堂。

當人際關係變得自在，大家順著現有團隊習慣的流動各自發

展專才，而改變這些團隊習慣可能會讓部分成員失去原本的專才（記得本書一開始談到的鮑伯與他的試算表嗎？）。或許，他們會失去原本對這份工作的享受狀態，也會失去部分自己喜歡的工作。或許，他們抗拒的不是改變，而是抗拒確定會有損失的部分。

不管什麼原因，一旦開始在這塊土地上改變，團隊成員就會感覺自己出現損失。該如何尊重團隊成員依賴的做事方法，同時向成員展現既符合他們（和你）的願景，又能更好地運用這塊土地的方式？

可遵從下列幾項基礎準則。

## 對成員要有同理心

首先假設共同工作的成員都十分稱職、用意良善、盡全力工作，都是團隊的根基。這讓你有機會擁有真正的夥伴關係和慷慨大方的態度，若一開始認定團隊成員都很厭世、都是笨蛋，就不會有這些機會了。

把這份同理心帶給和自己合作的團隊成員，以及團隊外的人員如高階領導層。

## 對問題保持好奇心

同樣地，與其假設得丟掉那臺壞掉的印表機，可以改為好奇為何印表機會出現在那裡。為什麼這件事情（對你來說）顯然是

個問題，但其實是回應現況的合理結果。

　　如果那臺印表機總是在會議室的第三張椅子上，那為什麼會在這個會議室呢？為什麼是在第三張椅子上？還有，為什麼沒有丟掉這臺印表機？有個問題可以點燃你的想像力：為何一個跟你一樣聰明的人會做出這樣的決定呢？

## 認同團隊一路走來的歷程

　　知道事情為何會發生後，可採取尊重的態度，認同發展至今的正向原由與決策。如此一來，團隊成員就不會覺得你去除前因後果、硬找問題，而是試圖與大家合作，找到對大家有益的解決方案。

　　有一種說法是：「我知道你們都是這樣做事的，但我們現在要改成另一種作法。」另一種說法則是：「我知道我們一直以來都很忙碌，所以沒有時間把這件事情排入優先事項，畢竟我們都已經盡力。現在我們有點餘力了，要來談談改變這項習慣嗎？」這兩種說法有著細微的差異。

## 讓成員一起持守共同願景

　　人們不喜歡被告知該做什麼事，尤其是當你身處在他們的地盤時。與其直接下達指令，可運用招募的語言，邀請團隊成員加入共同創造願景的過程。這為創造與共同合作提供了空間，甚至可能發現邀請他人參與後，最初的願景變得更加豐富了。

牢記這些原則後，與團隊成員找到共通點的路徑就變得相當清楚。

舉例來說，你的領導人或主管可能很內向，非常討厭開會。這說明了為何他們開會簡短又有組織。內向的領導人與主管的開會目標，就是講重點、然後回去工作。當你提出要在每場會議開始時，加入凝聚團隊方塊，幫助團隊建立歸屬感，內向主管聽到的會是自己得重新學習完全不同的開會方式。或許，主管覺得這主意不錯，但心裡認為同意就得浪費時間了。

你大可認定他們古板守舊，不在意團隊關係的建立，或者你可以帶著同理心與好奇心，了解他們之所以讓會議流程僵化，只是因為不喜歡這部分的工作罷了。

認清這一點後，其他選項就出現了。不必要求嶄新、甚至是自由發揮的形式開會，何不表示自己可以負責主導這部分的會議方塊呢？內向主管仍可以負責業務相關的會議方塊，但不必扛下這項新的大專案。其實，這等於在幫主管分擔工作。

## 問題遊說，把優先事項綁在一起

當觀念十分根深蒂固，你可能需要從解決辦法的遊說，轉變成問題的遊說。將改變比喻為地圖，上面有目前的所在位置、目的地、前往目的地的途徑。有些團隊成員被目的地吸引，有些可能對於途徑感到興奮，但或許還有更多人根本不了解為什麼要有

這一趟旅程。

如果還有人堅持己見，通常表示身為鬥士的你解釋不夠清楚，或是成員認為要是真的改變了，大家會失去掌握度、專才、地位。因此，你得好好運用同理心與好奇心，以利說服大家解決問題是很重要的，也要把問題框在大家的需求與價值上，而非自己的需求與價值。

與團隊成員進行討論時，歸屬感與績效會是很好的出發點。若能解釋某個問題如何對歸屬感或績效造成負面影響，大家就很難繼續反對了。或許成員會同意創造高品質工作代表的意思，同意這點之後，可能會同意問題的存在；一旦同意存在問題，成員可能也會同意值得花費現有資源解決這個問題。

或許，針對過程中的某一點，大家持有不同意見，不過大家都同意必須做點事情。

如果面對的絆腳石是位資深領導人，仍要建立同理心的橋梁，並運用對方的語言溝通。特別留心對資深領導人來說很重要的事務，並學習把想要傳達的內容轉換成對方的語言。這個新習慣會提高利潤嗎？會改善留任率和招聘率嗎？可以降低瑕疵數量、客訴案件數量嗎？（提示：讓資深主管同意團隊習慣改變的小技巧，便是找出第八章討論的 TIMWOOD 浪費。）

搞清楚資深領導人在意的地方後，把這些要點與你的專案綁在一起，如此一來，他就很難反對自己的優先事項。資深主管或

許對怎麼做有不同意見，但會跟你有同樣的想法——認同有問題存在的事實。

有的時候，你可能會收到一個堅決的「不同意」，原因是行政考量所致：團隊正準備發表某項產品或服務、組織正在進行併購、有位重要成員要離職了。這時，最重要的問題會是：「我知道我們現在沒辦法執行，但在什麼樣的條件下，我們可能可以開始進行呢？」

請對方給你一個時間，如本季結束時、產品或服務發表後等。接著，把這個時間點納入計畫裡，並運用這段時間取得更多成員的認同。持續詢問成員意見，觀察團隊模式，記下新的團隊習慣可為團隊帶來的好處。

另外，你可以將團隊習慣改變的規模縮小至可行的最小轉變。如此一來，風險夠低，好處卻大到讓團隊無法不同意試一次。

人們會失去如他們想像中的那麼多，這種情況其實非常罕見，尤其是與大家共同創造且考量所有人的需求與喜好時，更不容易發生。最後要問的問題不會是「我解決這個問題了嗎？」而是「我們有一起解決這個問題嗎？」

## ｜火箭練習｜打造同理心

- 繪製一張地圖，標出每位成員會因為提議改變團隊習慣而產生的損失（來源依據與成員討論的內容，而不是自行假設）。在此，我們可以內向主管做為例子。

  1. 誰可能會有損失？主管。

  2. 可能的損失是什麼？主管認為，為了主持新的會議架構，自己必須成為外向健談的領導人，可是他本身不想這麼做。

  3. 什麼樣的改變可以解決上述需求？針對不符合主管領導風格的會議環節，主管可以不用負責主持。

- 檢視這份清單時，留心注意每位團隊成員感受的原因。請記住，在此要建立共識，而不是博取權力。把這份清單想成是與成員進行討論的工具，討論提案內容為什麼能與現況互補，而且或許、只是或許，可以讓狀況變得更好。

- 若你是專案鬥士，但不是主管，要先確認主管清楚上述清單，如此主管就能協助確認專案可以解決大家的需求。若當中有些資訊需要保密，請確保取得當事人的同意才能分享。你也可以用不具名的方式分享回應的內容，或只分享整體主軸。

- 審查團隊習慣變革專案時，可回頭參照上述清單，確保專案解決團隊成員提出的不同需求與喜好。別讓成員接受專案，卻完全忽略處理大家的需求，這樣肯定會摧毀信任感。

## 如何拉攏沒有參與感的成員？

我們討論了支持與反對變革的成員，那對於團隊習慣變革提案的反應只是聳聳肩的成員呢？

有些成員可能對專案沒有參與感，原因很多，但大多時候都跟變革本身沒有關係。

或許成員支持變革，只是沒有時間參與；或許成員對變革感到疲憊，尤其是經過數年不確定的動盪後更是如此；或許成員只是沒有找到可以同意的點而已。不管專案目的為了什麼，總之就是沒有達到足以讓成員想要投入參與的程度。

又或許，有些成員天生沒有特別在意哪種方式。這很有可能且相當常見，有些人就是沒有特別的喜好。倘若這樣的成員願意加入變革專案，卻被迫發表意見，最後只會造成沒必要的壓力。

沒有參與感，未必是壞事。首先要確認為何沒有參與感，以及沒有參與感的程度是否會成為專案阻礙。再者，針對提議的變革專案，鬥士要負責找出沒有參與感的成員在意的是哪些部分。

一個簡單的火箭練習提問：「什麼會讓你對這個專案感興趣？」

這問題之所以有用，是因為沒有逼迫對方決定加入專案的壓力，反倒有助往後推動團隊習慣變革的過程中，釐清成員在意的是哪一類事情。或許，你會知道要在地圖上加入「誰可能會有損失？」好讓未來團隊意見更為一致。

最後，不要把沒有參與感視為負面跡象。若有人告訴你，他們很樂意接受任何一種改變，也很開心出任你指派的工作，就要相信對方；若成員告訴你，他們沒有餘力和時間投入專案，也要相信對方。總之，不要把沒有參與感變質成不實訊息，害你捨棄變革。

不過，成員沒有參與感，不代表要把對方完全排除在變革流程外。詢問對方是否介意變革繼續進行，同時把對方加入資訊更新與意見詢問的群組裡。或許，刻意給出不需參與的空間時，成員就會開始講述自己的喜好；或許等到專案開始進行，成員才會發現自己的喜好；或許開始體驗到改變後，成員才會發現自己對變革專案很感興趣。

## 面對曾經有參與感的成員

如果某位成員以前很有參與感，但是現在對專案的熱忱似乎熄滅了呢？大多數時候，肯定是發生什麼事才會失去參與感。

看到成員從有參與感變成不想參與，可抱持著同理心與好奇心，與對方確認，不要預設對方想要反對變革。其中原因可能是提議的團隊習慣變革並沒有帶來預期效果；或是在改變習慣的過程中，對方發現比較喜歡以前的作法，但沒有管道在第一時間表達；也有可能是成員變得非常忙碌，得專心處理其他事務，或是得處理其他工作外的優先事項，總之就是轉移注意力了。

另外，團隊習慣運作良好時，會變隱形看不見，所以沒有收到正向的意見回饋。你很難忘記那臺壞掉的印表機帶來的困擾，但當事情進展順利，你就不會想到它們。因此有的時候，沒有參與感可能只是成功改變習慣了，成員已經轉為忙別的事情，像是好好工作但不用再咒罵那臺壞掉的印表機。

## │火箭練習│邀請團隊成員加入

- 給沒有參與感的人刻意留下空間，是沒有問題的。記住，沒有參與感的成員未必贊成或反對你想做的改變，最有可能的情況是成員不在乎。因此，詢問成員為什麼不想參與，然後直接收下理由。
- 團隊習慣的鬥士應該要學習，如何以沒有參與感的成員能夠受益的角度解釋變革。若不清楚有哪些方式，大可直接詢問對方怎麼做才會讓他們更有參與感，或者詢問對方想要看到什麼改變，而你負責傾聽就好。
- 請記住，有時更好的新常態模式可能不被稱讚，也可能被忽略。身為鬥士或是專案經理，若沒有收到想要的意見回饋，不要覺得是個人問題，可能只是團隊習慣成功改變了。

## 第十一章　重點

CHAPTER 11 TAKEAWAYS

- 團體習慣，關乎合作而非權力。
- 每個團隊習慣變革專案都需要鬥士和專案經理（不一定要是同一個人）。
- 改變團隊習慣其實是與團隊的惰性巨獸大戰；藉由同理心和理解成員可能有什麼損失，邀請團隊成員一起協助專案。
- 團隊成員沒有參與感，未必是件壞事。

# 12

# 制定團隊習慣發展藍圖

我們無從掌控、也無法理解系統機制，
但我們可以與之共舞。
——唐內拉・梅多斯（Donella Meadows）

　　讀到這裡時，你應該已經選定一個想要開始處理的團體習慣類別。本章會討論如何把想法轉換成實實在在的計畫，若心中有某個習慣（或是習慣類別），閱讀起來會最有收穫。

　　還不確定該從何處下手嗎？在目標設定的章節裡，我們討論了人類的基本動力，包含原始概念的痛苦與好處（pain and gain）。問問：「壞掉的印表機給團隊帶來最大的痛點是什麼？」或是「做為團隊，我們在哪裡有機會取得最大好處？」這是很棒的問題，可協助選擇第一個處理的團隊習慣。

　　**假使團隊剛開始處理這類工作，一開始可以從痛點下手，就**

能立即取得具體收穫。不過，只著手處理痛點時要特別小心，因為人類本來就很奇怪，特別會在意苦痛，卻很容易淡忘好處。大多數人都非常容易察覺讓自己心煩的事情，深深覺得自己在職場上很無能，只有少數人能夠察覺到周圍的美好事物。

避免苦痛可讓團隊更有效率，也可改善績效、提升歸屬感，不過如果只選擇能讓日子更輕鬆的目標（而不是那些將創造最大機會和收益的事），最終只會帶來自滿與平庸。

## 著手小習慣，再逐步擴大

選定習慣類別後，鎖定該類別底下有哪些習慣能夠帶來最大的效益。一開始可能會很想處理能帶來深遠影響的習慣，但從小習慣開始，力量會更強大。

檢視煩人的開會文化或是意見回饋文化後，會想要來個大改造，這是很自然的反應。不過，不可能一次就改變整個習慣類別，範圍太廣、太大了。好消息是，開會文化的組成包含幾十種各自獨立但環環相扣的習慣，因此一次處理一個習慣，肯定能逐步改變整個開會文化。

以協作為例，與其要求團隊「協作」，不如從可怕的長串副本收件人、Slack 頻道訊息轟炸、準時開會、在團隊頻道裡討論團隊工作，以及能帶來具體改變的其他特定習慣開始改變。

挑選一個你知道團隊可以實現的團隊習慣變革，讓團隊輕鬆

獲得成功。可以是團隊絕不可能無法完成的小改變，像是讓團隊在 Slack 平臺串起討論串，或是在專案管理工具裡，練習清楚描述工作內容的規則。若想要改變開會流程，可增添或移除會議章節裡討論過的會議方塊，或確保開會前寄出會議議程。

這麼做不只讓團隊獲得小成就，也有助培養動力，同時協助緩解團隊習慣變革有時發生的下游效應（downstream effects）。

由於系統機制趨向尋求平衡與穩定，試圖改變時，系統會想要重返先前的狀態。再者，系統常與其他活動或機制有著看不見的關聯，也就是改變一件事，可能不自覺影響到其他層面。開會時，5 分鐘的好事分享會取代部分議程；給成員戴上青帽時，等於要其他成員那一天去別的地方尋求協助。

著手小習慣可讓我們看到下游效應，在沒有釀成破壞的情況下，處理這些問題。著手小習慣還有個好處，那就是讓團隊成員更願意加入變革計畫。改變有個很有趣的地方，若你是發起人，當然希望盡快看到最大的成效，但如果你是得承受習慣改變的人，就算已經同意變革，還是希望改變可以慢慢發生。

換句話說，我們都希望自己的專案進展迅速，卻希望其他改變計畫給我們帶來的干擾與不確定性愈小愈好。走出矛盾狀態，其實也是團隊習慣變革的一部分。

如果聚焦的習慣類別是會議，不要一開始就想改變整個會議的流程架構，因為這樣會造成廣泛的不確定、混淆與不自在。不

過，一旦鎖定第一個小行為（舉例來說，會議結束前留下 5 分鐘，談一下執行項目與後續步驟）後，下個月就可以直接在前面再加入一個會議方塊，讓成員講述自己在這場會議觀察到的精采亮點。

有關著手小習慣、再逐步擴大這點，我得追加一個重要提醒。如果改變涉及成員人身安全，便得加速執行。若是工作場域不安全，當然得立即處理。

換句話說，由於現有團隊習慣不會對多數非勞力人員造成人身危險，所以能夠承擔緩步進行的節奏，以利培養持久的團隊習慣改變。

---

## ｜火箭練習｜挑選第一個習慣

- 從選出來的類別中，動腦思考五個可以改變的小習慣，目的是希望團隊裡的每個人都能同意，同時是個小到能夠輕鬆獲取成就感的目標。
- 按照邏輯排列上述幾個習慣，有時某個習慣是其他習慣的基礎。選擇起始點時，挑選看起來可以帶來最大差異的習慣。
- 條列這些小改變能帶來的「正向」效應，動腦思考有哪些可能出現的「負面」下游後果，以利規畫應變計畫。
- 鎖定改變小習慣順序前，為了解成員想法，至少找一位成員討

論。記住，目標是要達成共識、共同創造團隊習慣，而不是強迫他人接受自己的想法。

## 這是馬拉松，但得以百米衝刺思考

假設你的新年新希望，是打算展開新的跑步習慣。第一天踏上跑道時，便很快發現舊跑鞋不行了。立即找尋合適的新跑鞋、購買入手，這不會花太久時間，就算要等貨運送來，還是很快就能回到 5K 跑步訓練。但若是幫五位有著不同需求的人找到合適的跑鞋，過程就會變得困難許多。就連改變最簡單的團隊習慣，花費的時間也會比預期長，純粹是因為多人合作就會有後勤作業的關係。

要能堅持一個團隊習慣改變，最有可能的情況是在好一段時間內，歷經數次嘗試才會成功。即便是看來相當容易的改變，也很少一次就成功。這說明了，為何在規畫團隊習慣變革時，就像在準備跑場馬拉松，可以是一個月或是一個季度之久。就是要花這麼長的時間，才能歷經不同階段、讓每個人都習慣後上手，同時處理過程中冒出來的各種議題。

這段期間就像一場馬拉松，會有多個里程碑，不過耗費的心力較像是百米衝刺，因為習慣要能夠堅持，需要數個層面的齊心協力與專注行動才行。

若以短跑衝刺思考，你會對實現改變所需的長時間感到不耐。若當成馬拉松，你會因為改變根深蒂固的習慣所需耗費的心力程度而被矇蔽。

　　假設你調整了會議流程的架構，需要一段時間才能感覺到會議進行順暢。或許，第一場會議就順利進行，但有位成員因為生病缺席，到了下一次開會時，就得再次解說新的會議結構，以利鞏固想要培養的團隊習慣。

　　又或者，新的會議流程架構進行了數週後，才發現某些工作仰賴舊的開會方式。由於目前這些工作還未找到合適的位置，它可能再次出現，此時顯然需要找個方法把舊的開會方式帶回會議裡。

　　改變習慣需要時間，若能牢記這一點，就不會落居於後位。

　　一旦制定想要使用的地圖或是區間（一個月或一季）後，可把區間劃分為數個衝刺階段，開始思考每個衝刺階段要做些什麼，並標記歷程裡的每個小里程碑。

## | 火箭練習 | 拆解專案

- 針對決定要改變的團隊習慣，欲使用哪個時間區段：一個月或一季？以一般通則來說，愈成熟的組織、規模愈大的團體，要跑的馬拉松距離就會愈長。
- 依據時間區段，把專案劃分成一連串的衝刺階段。若是一個月的專案，那就以週為單位來籌劃。若是一個季度的專案，那麼就以每兩週為衝刺階段的方式來規畫。
- 與團隊分享整體的時間區段和衝刺規畫，好讓成員可以針對專案的節奏提供意見回饋。

## 如何跟進進度？

　　如何知道改變是否邁向正確的方向？藉由追蹤與習慣改變相關的痛點和好處狀態，便可得到答案。

　　舉例來說，現有團隊習慣的痛點，可能是每週團隊得額外花費兩小時召開拐杖會議，以確保大家的計畫資訊一致。藉由改善溝通資訊更新的原則，可以把額外的會議時間降至每週 1 小時。運用會議數學運算，發現空出的 5 小時團隊時間，可以挪為每週四早上每位成員的額外專注時段。

　　痛點降低了（花費在開會上的時數），同時提升好處（每位

成員都有額外的專注時間）。

　　或許，團隊發現成員之間不知彼此的工作狀況，因而錯失向既有客戶推銷更多產品或服務的機會。不過，後來成員開始在團隊頻道上討論工作，不再只是個別討論，所以現在可以看到追加銷售的機會，這就是改變為團隊帶來的具體好處。

　　決定如何跟進每個習慣改變的進度時，要明確說明既有的痛點或好處，清楚表達希望如何改變。選擇具體的目標，而不是像「很棒」這種模糊狀態。是的，我們都希望團隊表現卓越，但這到底是什麼意思呢？我們目前的狀態跟「變得更棒」，兩者的狀態有什麼區別？

　　「很棒」、「有生產力」都不具體。不過，減少 50％團隊花在非必要會議上的時數就很具體，每週為每位成員多騰出 1 小時，讓大家專注於其他工作；或是早一點下班也很具體。

## 如何回報進度？

　　和跟進進度一樣，向團隊回報專案進度是必要的，可告知下列事項：

- 這是我們嘗試過的部分。
- 這是我們看到的情況，與我們的痛點與好處的現況改變有關。

- 這是我們正在解決的問題，一些非預期的結果。
- 這是我們接續要做的事。

你會發現這種形式鼓勵大家提問，這正是為什麼我建議在例會中進行資訊更新，而不是發送郵件或貼在討論串，可避免議題持續討論兩、三天。

要在哪場會議更新資訊，得依據專案的時間長短而定。若是為期一個月的專案，在週會找個時間更新即可；若是季度專案，可在月會更新進度。目標是找到適切的回報方式，好讓團隊了解情況，同時收集意見回饋，但不要占用太多其他工作時間。

經驗法則：在既有的團隊會議流程裡騰出 5 分鐘，針對專案現況進行小小的資訊更新和意見回饋。若過程中冒出許多討論，或許值得單獨規畫一場聚焦專案討論的會議，運用腦力激盪與協作的會議方塊，深入探討、調整習慣，釐清如何處置其他已在進行的項目，或是增添新的團隊習慣解決出現的問題。

此時正悄悄地建立元習慣（metahabit）。當你將改變團隊習慣的討論融入會議流程，便讓習慣和流程變化的討論變成了常態。

如此一來，其他的流程與團隊習慣討論會變得容易些。假使評估、改善團隊習慣已順利進行，就不需要等到某人壓力來到臨界點，或失去機會時才來改變。

在日常會議中挪出時間討論改變團隊習慣，便是把養成更好的團隊習慣變成常態，這麼做變革就不需由上而下才能發生。不論當下是積極處理哪種團隊習慣，都是在潛移默化中，增長團隊自我提升的能力，增進團隊整體領導力。

---

## │火箭練習│回報進度

- 找出落實新的團隊習慣後，預期轉移的現有痛點或好處。確保可以追蹤、量測的目標，而非不具體的想法。
- 依據專案時程長度，選擇溝通節奏。在合適的會議裡，找出 5 分鐘更新專案進度。準備好增加資訊更新的頻率，在必要時另外安排會議。

---

## 預期的挫折與驚喜

每個團隊習慣變革專案都會出現有意與無意的結果，有些讓人心煩，有些讓人興奮，有些則讓人感到無比開心。只要不變成問題，全都是學習與合作的機會。

清楚挫折與驚喜都會出現，並與團隊成員溝通討論，這是團隊習慣變革專案進入正軌的第一步。以下是幾點注意事項。

## 一點都不容易

起初認為讓團隊輕易團結起來的習慣，最後可能演變成大難題。原因可能是舊習慣比想像的還要根深蒂固；或是團隊的優先事項與目標，導致難以專注改變習慣；又或許是某位成員好幾週不在辦公室，等到他回來後，整個團隊又回到原本的團隊習慣。（若這位不在辦公室的成員是領導人，或在團隊很有分量，狀況就會更嚴重，因為他不會想被指正自己用了「錯誤」方式做事。）不論原因，總之進度就是不如預期的快速。不過，這沒有關係。

請記住，這裡試圖做的是改變系統──一套處在平衡狀態的機制。在團隊週會裡，加入 5 分鐘個人好事分享時間，或許不難。不過，兩、三次會議後，這 5 分鐘分享或許會被工作相關的議題取代。只要一個不小心，就會丟棄新的凝聚團隊會議方塊，被「更重要的」議程項目取代。

這真的糟透了，尤其如果你是第一次感覺和團隊建立關係並被注意到了。若不是團隊領導人，其實很難站出來表示：「我知道其他工作很重要，但我們正在落實的新習慣也很重要。」

系統本來就會自行重建，且傾向推擠最後加進來的部分。因此，規畫專案發展藍圖時，要說明該如何處理這個問題，並指示每位成員都可以站出來表達想法。

## 下游問題

著手處理系統的某個部分時，必然會突顯下游的某個部分。舉個簡單例子，因為覺得椅子或桌子搬到客廳的另一邊比較合理，就把客廳整頓一番，但後來發現原本桌子或椅子擋住的地方不會害你撞到，現在走路反而會撞到。

此外，開始改變團隊習慣時，還有類似的狀況：打算改變的習慣，可能讓你看到團隊正在發生的其他事情。一旦改變這項習慣，便會突顯另一個習慣的問題點。不過，這不代表你做了不對的事。

事實上，你做的非常對，因為揭露了團隊的習慣與作業機制。先前，我們針對提議的團隊習慣變革，推想可能發生的下游後果。專案進行的過程中，要持續追蹤沒有列在清單上的事件，思索可能的解決方案，並於定期資訊更新時，與團隊討論。

一旦你經歷幾次團隊習慣的驚險實踐，會有比較清楚的概念，知道各種不同的習慣機制會如何彼此牽制，也會變得更能預測未來專案的下游後果。

## 好的驚喜

有時，移開椅子後才發現，客廳竟有全然不同的使用方式，這是以前所不知道的，因為以前都被那張椅子給擋住了。改變會議習慣一陣子後，或許你會發現團隊每次週會都能提早 10 分鐘

結束，這真是讓人驚喜。又或許，處理協作習慣一陣子後，團隊成員不再那麼不知所措和焦慮，又是一件意外驚喜。

人類有一點很有趣，就是常常忽略發生在自己身上的驚喜。人們常常不接受這份禮物，可能是太過專注於沒有照著計畫發生的事，以至於看不到這些驚喜。

正如同改變習慣時，應該預期會遇到困難和發生下游效應，同時期待會有出乎意料的驚喜。

當團隊裡解鎖了以前不知道的事情時，就靠過去表示：「看看我們一起發現了什麼新東西。」收下這份禮物吧！與其想盡辦法填滿會議多出來的 10 分鐘，不如放大家自由、散會吧。與其焦慮等待燙手山芋出現、變成 Crisco 西瓜，不如提醒團隊欣賞降低協作焦慮帶來的美好驚喜。

儘管在績效表現上，時常出現驚喜，如業績增加、客戶滿意度提升，但我發現人們得到的最大驚喜卻是：上班的感覺變好了。即使無法明確指出是哪項團隊習慣的改變，帶來如此大的影響，但可以在團隊的日常生活裡看到正向效果。

你在團隊成員身上也會看到這些變化。或許，你會發現某位成員現在精神奕奕地來上班，或是發掘了以前大家不知道的技能。如果團隊繼續採用以前的舊習慣，你們就不會發現這些技能，但只要挪出成長空間，人類的才能就可以迅速轉變。團隊成員站出來接受挑戰，這是在開始改變團隊習慣、提升歸屬感與績

效表現前，大家想像不到的。

　　看到成員拿起火把、增添光彩，感覺就很棒。那是因為你給了他們空間，讓成員知道如何決策，或是讓他們有機會管理專案。這些都很棒，也成就我們計畫中的留任率、新才能、創意發想與其他業務成果。

## 如何處置挫折與下游效應？

　　若早先已跟團隊討論過挫折與下游效應，當相關議題出現，處理起來會容易許多。因為當事態出現異常時，大家早已探索過思緒感受，接受彼此出現情緒反應。

　　記住了，改變團隊習慣是持續的過程。多數情況下，挫折不會對專案造成致命傷害，特別是從小習慣開始的話，傷害會更小。這是個機會可以再次嘗試，讓大家明天可以做得更好、更茁壯。

　　運用稍早討論過的會議回報流程，以主動、預防、簡潔的方式回報挫折與下游效應狀況。

- **主動**：壞消息不會隨著時間過去而獲得改善。當出現異狀，要主動告知某人。若是讓大家自行發現，很有可能會在非必要的時候，引發全面檢查專案。
- **預防**：清楚說明專案出現異狀的範圍，預防性提出接續可

能出現的問題，並提供該如何繼續進行的 DRIP。

- **簡潔**：專案資訊更新保持簡潔明瞭。愈是試圖壓下事態的嚴重性，狀況可能變得更糟。至於主動和預防的好處，即是擁有保持簡短的權力，由於已經跑在現況的前頭，所以不需要長篇大論地解說。

---

## ｜火箭練習｜期待意外

- 回想以前在團隊做過的改變，當時看起來像是個挫敗，但後來變成很好的學習機會。運用這個經驗，學習如何與團隊分享目前習慣改變過程中所遇到的挫折。

- 製作一些遭遇挫折時可使用的短語或口號。內容可以非常簡單，像是「好的，這件事情花費的時間比預期還久，但我們還在改變習慣的過程中。我們知道有可能出現延遲，但只是需要多一點時間而已。」當出現短視近利的想法、或改變過程出現阻力，這類短語就很有幫助。

- 回想一下，上次團隊變革時所帶來的驚喜，當時大家是如何做到？如何溝通傳達？回想過去，現在如何以尊重這份禮物的方式處理當前的問題？

---

## 知道何時該緊握、該放棄、該撤退

你已經做好迎接挫折的準備了，但要是專案完全失敗呢？

記住，我們是從小習慣開始。就像飛機發生墜海的機率一樣，改變習慣提案燒毀的可能性同樣非常低。我們是從風險小的習慣開始，徹底失敗的機率總和極小。

但是，這不表示你不會停滯不前。大多發生的情況是，團隊對結果感到不滿，達到所謂報酬遞減（diminishing returns）的地步。或是團隊單純沒有餘力做更多的事，尤其是團隊特別忙碌或陷於 VUCA 環境裡時，額外的請求可能會摧毀團隊。

發生這種情況時，聽聽鄉村歌手肯尼・羅傑斯（Kenny Rogers）的歌吧。「你得知道何時該緊握、何時該放棄、何時該撤退。」（譯按：出自歌曲〈賭徒〉〔The Gambler〕。）

### 緊握

與其逐步擴大起初的小改變，不如保持穩定的步伐，維持截至今日取得的成果。

考量所有因素後，或許讓團隊接下來兩到三週生活變好的做法，就是慶祝你剛處理掉那臺壞掉的印表機。

面對這樣的處境，可以這樣說：「我們現在有很多事情，團隊習慣變革有好的進展，也看到習慣改變帶來的好處，同時察覺到有需要處理的問題。不過，現在讓我們在這裡暫停一下，我們

不會回到以前的方式，但沒有要添加新習慣。」

設定重新審視改變習慣的時間點，像是一個月或團隊發表活動結束後，又或是任何導致專案暫停的原因消除時。屆時，可以開啟另一輪討論，裁定一切狀態是否良好，以及是否需要重新啟動專案。

就算認為團隊已經結束某個專案，但重新檢視時，或許會發現大家其實很滿意改變。與其替團隊做決定，不如與團隊共同決定是否繼續進行。

## 放棄

如果認真查看情況後，發現無論怎麼做都起不了作用，你可能想要放棄，想把注意力完全轉移到別的事情上。或是發現原本認為的問題其實根本不是問題，又或是問題在於自己而不是團隊。

也許其他團隊成員有一套工作模式，雖然與你的工作模式不同，但對他們來說效果很好。因此，如果是為了自我偏好，而試圖改變團隊完美的好習慣，那麼可能是時候放棄了。

關於這點，我想要補充提醒一下。來自非主流文化、或是有身心障礙的成員，有時會被迫認為自己支持的改變是為了自身問題，而不是團隊的問題，但實情不是如此。或許其他成員沒有坐輪椅，但不代表這些成員不關心無障礙洗手間。有些議題之所以

會成為團隊問題，正是因為影響到團隊的其中一位成員。

## 撤退

或許，你注意到團隊文化或是團隊與組織的做事方法，與自己的做事方法、想要的職涯走向完全不符。

真實情況就是，並不是每個人都可以完美契合每一種文化，這未必表示是自己、團隊或組織有問題。不過，有時遇到這種情況，能做的就是給自己找一個更合適的環境。有的時候，你堅信案子可以成功，組織和團隊卻不這樣認為，這時你的心血可能比較適合放在跟自己觀念相近的組織。

如果你是領導人或主管，打算劃掉這句話後，才把這本書交給團隊傳閱，那麼務必記得不是每個人都適合跟你一起，朝往你想要前進的方向。

最近我有位客戶剛經歷併購過程，客戶擔心團隊士氣會因為幾位成員離開而改變，不過進一步深入討論後，客戶承認自己一直都覺得這幾位成員並不適合自己的團隊。因此我的建議是，若團隊士氣受到衝擊，那是因為還沒有填補這些角色，而不是因為哪位特定成員離開。

即便是最好的公司或績效最佳的團隊，留任率都不會是百分之百。就算是百分之百的留任率，可能只表示接納了不是最合適的人選罷了。

換言之，人們往往過早退出專案或過程，卻會待在困境中太久。

起初幾次，團隊可能不願意接受改變，但這不表示撤退的時候到了，或是該改變團隊組成。可能的情況是，團隊的共有立場有太多相互主體性（intersubjective，編按：人與人之間共享的主觀經驗或觀點），而團隊還在釐清該如何理解、建立共識。

---

## | 火箭練習 | 走出停滯狀態

萬一改變團隊習慣的過程開始往大海墜落，可以提出下列幾個問題。

- 這是該「緊握」的情況嗎？團隊只是需要一點喘息的空間專心做其他事，還是團隊看不到計畫帶來的改變，也看不到工作如何獲得改善？如果是該緊握的情況，記得你並不是輸家，這未必是件壞事。設定一個時間點，日後再找時間重新審視這個問題。

- 若是想要「放棄」，就問問打算改變的團隊習慣比較偏向你個人問題，而非團隊的問題嗎？你挑選的團隊習慣，是否出乎意料地具有爭議性，或是十分頑強？回到「誰可能會有損失」的地圖，看看是否可以找到較容易建立共識的其他習慣？

- 如果打算「撤退」，你是否已為專案和過程盡了全力？你的處

境是不是無法與團隊或組織建立共識？如果是的話，你該如何坦蕩地撤退，同時確保對所屬團隊與組織造成最小傷害。

## 怎麼知道何時算是真的完成

改變團隊習慣，沒有所謂真的完成的一天。團隊總是有地方可以改變、成長、發展。

無關我們付出多少心力，團隊都會產生變化，人員會有變動，優先事項、功能需求都會有所更動。變化是生活中的常態，每當團隊起了變化，團隊習慣很有可能要跟著變動。

即便是績效表現最好的團隊，團隊習慣仍有改善空間，畢竟要保持領先地位需要大量的訓練、培養與練習。

你會發現，每當完成一項改變，它就會開啟更多的流程和改進的可能性。隨著每一次改變，也會培訓出團隊習慣變革的元習慣，創造正向的反饋循環。看到改變發揮作用了，總是忍不住想進行下一個變革來提升團隊，接著再來一個……又一個。

也就是說，在目前的團隊習慣改變項目中，你一定會遇到這種情況：持續改善某個領域（如協作），付出的心力已經達到報酬遞減；或是無法再解決團隊目前面對的最大痛點或好處。

若把八大團隊習慣類別想成系統機制或齒輪，只要觸動其中一個，就會給其他習慣帶來改變。當某個習慣達到夠好的地步，

自然會開始認為另一個習慣是接下來需要改變的目標。當然，每個改變的團隊習慣都會接著影響其他習慣。

這是持續不會間斷的過程。

現在你可能是在咖啡店或書桌、辦公桌前閱讀這本書，此時你覺得自己是安穩入坐。不過，你所在的行星其實是以約 66,600 英里的時速繞著太陽旋轉，而這顆行星位於銀河系裡的太陽系也正持續不斷旋轉著。

同樣地，不論哪個時間點，你在團隊中扮演的角色不是靜止不變的。你是動態系統裡的一部分，而這個動態系統包含團隊、事業單位、組織、產業，乃至於更廣闊的社會。

每當我們改變團隊時，也改變了我們的組織。每當我們改變組織，也改變了我們組織運作的生態系統。一旦我們在生態系統裡做了足夠的改變後，也會開始改變所處的社會。假若 COVID-19 教會我們什麼事，我們學到的就是：一旦大環境起了變化，肯定會向下波及團隊。

從事團隊習慣變革工作，天天都要與緊張感共處。不會有真的完成的一天，因為我們知道到了某個時間點，就得培養另一個新習慣。

## ｜火箭練習｜ 何時該移往下一個習慣

- 一開始專案設定的時間區段接近尾聲時，回頭查看變革狀態，以利跟進專案進展。是否已經接近當初的設想了？是否還有許多有待耕耘的事項呢？如果是後者，是否有需要重新執行一次這項團隊習慣類別？還是說時間、精力、注意力、金錢，用來處理另一個習慣類別比較好？

- 記錄自己在團隊所做的改變，以利追蹤自己進行的工作所帶來的長期效應。記住，有時團隊習慣變革流程愈成功，工作就愈有可能變隱形、不可見。因此，透過紀錄可查看團隊隨著時間推移所取得的進展，也可協助了解是否已完成培養某個習慣。

- 與其主動成為下一個團隊習慣改變流程的鬥士，倒是可以詢問誰想成為下一位合作鬥士，畢竟改變團隊習慣是每個人都可以做的事。為了幫助下一位成員成為優秀的團隊習慣變革鬥士，我們能做的最棒的一件事，就是邀請成員加入改變、一起並肩作戰。

# 第十二章　重點

## CHAPTER 12 TAKEAWAYS

- 選擇著手處理哪個團隊習慣類別時，有個方式是查看那臺壞掉的印表機帶來的最大痛點，或是哪裡有機會可以取得最大的好處。

- 假使團隊剛開始處理這類工作，可以從痛點下手，就能立即取得具體收穫。

- 著手小習慣，等到取得前進的動力後，再逐步擴大團隊習慣變革計畫。

- 改變團隊習慣需要時間，專案的時間可規畫為一個月或一個季度，接著再把區間劃分為數個衝刺階段。

- 追蹤與團隊習慣相關的痛點或好處的狀態發展，並在日常會議裡，挪出 5 分鐘做定期進度更新。

- 每個團隊習慣變革都會出現意料之外的情況：挫折、下游效應、好的驚喜，準備迎接上述情況，並逐一規畫應對方式。

- 如果團隊習慣變革出現停滯，評估是否該暫停、改變方向，或是完全撤退。

- 改變團隊習慣是持續不間斷的過程；到了某個時間點，或許該移往下一個新習慣，不過改善團隊的工作可是有無限的潛力。

# 謝辭

　　若你好奇我對優良團隊的熱情與擁護從何而來，可以看看讓這本書成真的幕後團隊。每寫一本書，我都重新體認到書籍著作是團隊努力的成果，而不是單一作者的作品。

　　再次感謝我優秀的經紀人大衛·傅格特（David Fugate），為本書找到好歸宿，與樺樹出版集團（Hachette Go）合作。謝謝樺樹出版的全體團隊，尤其是丹·安柏希歐（Dan Ambrosio），衷心感激這長達十年的友誼和每次討論，十分高興我們找到了如此契合的專案。

　　我還有兩位隊友從頭到尾持續不斷地催生本書：潔西·瓦克（Jessie Kwak）和陶德·薩特斯坦。若沒有潔西的寫作、編輯和專案管理，這本書很有可能還只是個好想法而已，根本沒有文字可以成為一本書。反覆琢磨本書的過程中，陶德是我的回聲筒，總是與我一起動腦、討論，雕琢許多粗略的想法，然後呈現在書裡。

　　也要謝謝強納森·菲爾斯（Jonathan Fields）、蘇珊·派佛（Susan Piver）、潘·史林（Pam Slim）、珍妮·布萊克（Jenny Blake）、塔拉·麥可穆倫（Tara McMullin）、諾亞·布洛克曼（Noah Brockman）、賴瑞·羅伯特森（Larry Robertson），謝謝

你們的意見回饋、鼓勵、理解和信念，我才能不放棄。當我覺得不可能做到時，你們都相信那只是旅途的一個階段，最終必會找到出路。

還要感謝 Productive Flourishing 團隊的雪儂・麥克督勒（Shannon McDonough）、約瑟芬・雀利（Josephine Cherry）、傑西・薩摩斯（Jess Sommers）、史提・阿倫斯柏格（Steve Arensberg）、歐希雅納・馬丁內斯（Osheyana Martinez）、摩根・哈格地（Maghan Haggerty）、克里・赫夫（Cory Huff）、瑪莉・克萊爾・奧利弗（Mary Clare Oliver）、妮可・卓別林（Nicole Chaplin）、茱莉安那・楊（Julianna Young）、麥克・普雷德（Michael Prather）、瑪莉雅・威廉森頓（Mariah Williamson），以及由克莉絲汀・薩雷諾（Christina Salerno）、奧莉維・威里克（Olivia Wirick）帶領的超優魔法團隊（Magical Team）。謝謝你們一起投入好的團隊習慣，也謝謝你們保持耐心嘗試新的習慣，全讓本書變得更加豐富。

另外，感謝吉兒・博斯（Jill Boots）、馬洛里・克萊特（Mallory Corlette）、雷克斯・威廉森（Rex Williams）、約翰・尼克森（John Nicholson）、阿里・布魯姆（Alli Blum）、珍・拉賓（Jenn Labin）、妮可・貞尼思（Nicole Jennings）、賴斯利・羅伯遜（Leslie Robertson）、里安娜・卡薩爾（Liana Cassar）、馬克・布尼（Mike Bruny）、帕翠夏・柏佛（Patricia Bravo）、珍

妮‧布萊克、傑洛米‧米勒（Jeremie Miller）、凱勒‧史楚門（Kate Strathmann）、坎卓‧伯克（Kendra Bork），謝謝上述部分人員在初期草稿版本裡，提供許多建設性的意見與回饋。

更要感謝 Productive Flourishing 的社群成員與客戶，打從一開始就支持著這項工作。沒有你們的故事、疑問、點醒與鼓勵，這本書和其他作品都不可能存在。

最後要謝謝我的妻子安琪拉‧惠勒，持續做為我每件事情的支柱與動力。2013 年時，這本書不過是個概念，安琪拉就已經是本書的鬥士了，而且一路走來都沒有動搖。我愛你！

# 延伸閱讀

　　下列書籍都是很棒的延伸閱讀，進一步深入探討章節主題，或是提供額外的火箭練習建議。在此提供的是簡要版書籍清單，更新版清單可見於：teamhabitsbook.com/resources。

## CHAPTER 1

*Antifragile* by Nassim Nicholas Taleb

*The Future is Faster Than You Think* by Steven Kotler

*Thinking in Systems* by Donella Meadows

## CHAPTER 2

*Atomic Habits* by James Clear

*The Five Dysfunctions of a Team* by Patrick Lencioni

*The Progress Principle* by Teresa Amabile, Steven Kramer, et al.

## CHAPTER 3

*Belonging: The Science of Creating Connection and Bridging Divides* by Geoffrey Cohen

*Design for Belonging* by Susie Wise

*The Power of Emotions At Work* by Karen McLaren

## CHAPTER 8

*The 24-Hour Rule* by Adrienne Bellehumeur

*The Coaching Habit* by Michael Bungay Stanier

*Six Thinking Hats* by Edward de Bono

## CHAPTER 9

*HBR Guide to Making Every Meeting Matter* by Harvard Business Review

*Leading Great Meetings* by Richard M. Lent, PhD

*Read This Before Our Next Meeting* by Al Pittampalli

## CHAPTER 10

*Deep Work* by Cal Newport

*The Gift of Struggle* by Bobby Herrera

*The Power of When* by Michael Breus, PhD

*Tranquility by Tuesday* by Laura Vanderkam

## CHAPTER 11

*Emergent Strategy* by Adrienne Maree Brown

*The Insider's Guide to Culture Change* by Siobhan McHale

*When Everyone Leads* by Ed O'Malley and Julia Fabris McBride

## CHAPTER 12

*Courageous Cultures* by Karin Hurt and David Dye

*Little Bets* by Peter Sims

*Managing Transitions,* 3rd Edition, by William Bridges, Lloyd James, et al.

*Our Iceberg Is Melting* by John Kotter and Holger Rathgeber

# 詞彙表

3×準則（3x Rule）

預設策略工作的強度會是起初設想的三倍。

85% 原則（85 Percent Rule）

團隊的工作量應該只填滿 85%。

行動後檢討（After-Action Review）

檢討先前的專案或活動，了解可行與不可行的地方，提出心得與見解後，可套用於現有或未來的計畫或專案。

空氣三明治（Air Sandwich）

目標設定與落實執行之間，常常少了規畫步驟。

原子元素（Atomic Element）

團隊必備的最基本功能，即執行者、審查者、協調者三個角色。

麵包屑（Bread Crumbs）

指與專案或工作事項相關的文件，可讓其他人（或未來的自己）查看，以利了解工作做到哪裡及後續的規畫。

壞掉的印表機（Broken Printers）

指團隊合作中，那些可以修復的小問題。

碰撞（Bumps）

我們與團隊成員不小心發生的摩擦。

**可怕的長串副本收件人（CC Thread from Hell）**

在一封長到不行的電子郵件裡，新增副本收件人，且沒有附加任何解釋。迫使副本收件人只好往回查看整封電子郵件的往來討論，試圖破解其中的重要資訊，以及需要對應採取的行動。有些人則是把電子郵件的副本寄給每個人，完全沒有考慮是否與收件人有關，或是收件人是否需要知道信件的內容。

**作息型態（Chronotype）**

個人天生的作息：早晨雲雀、午後鶇鵲、夜間貓頭鷹。

**承諾與完成的比率（Commit: Complete Ratio）**

針對每個承諾接下的專案，完成了幾個？

**Crisco 西瓜（Crisco Watermelons）**

團隊在合作專案時，發生遺忘漏接的情形。

**拐杖會議（Crutch Meetings）**

因團隊習慣不佳而召開的臨時會議，本該在會議外處理好的事卻沒有做到。

**DRIP**

決定（decision）、建議（recommendation）、意圖（intention）或計畫（plan）的短碼，表明對後續步驟的意圖。

**敦克爾克精神（Dunkirk Spirit）**

儘管計畫和決策很糟糕，但藉由果敢的努力、長時間工作與堅忍不拔，團隊合作完成十分艱困的目標。

**五專案原則**（Five Projects Rule）

同時間裡（日、週、月、季、年），不要握有超過五個專案。

**五句話準則**（Five-Sentences Rule）

電子郵件回覆的內容，限制於五句話之內。

**專注時段**（Focus Block）

90 分鐘到 2 小時之間的時段，期間可以深入工作，集中足夠的精神在專案上，以利完成、推動專案。

**幽靈計畫**（Ghost Plan）

團隊幾位成員制定了計畫，卻沒有傳達給其餘成員。

**金髮女孩地帶**（Goldilocks Zone）

源自童話故事《金髮姑娘和三隻熊》（*Goldilocks and the Three Bears*）中「恰到好處」的中碗燕麥粥。應用於團隊主題，指找到符合沒有過度生產和生產不足的工作條件，只不過鮮少能夠有滿足所有條件的完美解決方案。

**青帽**（Green Hat）

戴上青帽的成員現在是負責推動專案的主力，應該給予優先性，好讓成員專注於專案工作，直到完成為止。

**IKEA 效應**（IKEA Effect）

一種認知偏差（cognitive bias），即人們較偏向重視自己有參與其中的產品、經驗與成果。

**會議數學運算**（Meeting Math）

依據實際的時數與薪資，計算會議的實際成本。

**三分之一與三分之二準則**（One-Third-Two-Thirds Rule）

花費三分之一的時間規畫，另外留下三分之二的時間讓團隊完成專案。

**專案鐵籠格鬥賽**（Project Cage Match）

為了能讓團隊的優先事項符合五專案原則，為專案汰弱擇強的過程。

**準備情況**（Readiness）

團隊或個人完成目標、專案，以及達到標準的能力。

**短碼**（Shortcodes）

團隊僅用幾個字母或單字組成的縮寫字或特殊短語，封裝大量資訊，做為溝通之用。

**策略、例行、緊急三方僵局**（Strategic-Routine-Urgent Logjam）

當最優先的順序時常是完成緊急工作和例行工作時，策略性工作就會被擱置一旁。

**團隊**（Team）

目標一致的群體，成員有歸屬感，也具有相同的使命感。本書用以指稱我們每天都會接觸或是每週會接觸數次的一群人，數量落在四到八個人。

**團隊習慣**（Team Habits）

一套協作方法，也就是我們如何在團隊一起工作的方式。

TIMWOOD

用來協助辨別團隊或組織中時常出現浪費的地方：運輸（transportation）、庫存（inventory）、動作（motion）、等待時間（wait time）、生產過剩（overproduction）、過度加工（overprocessing）、缺失（defects）。

**VUCA 環境**（VUCA Environment）

一個充滿不穩定（volatility）、不確定（uncertainty）、複雜（complexity）又模糊不清（ambiguity）的環境。

**沃爾夫先生**（Wolf）

每當出現某個問題時，你會想要呼叫幫忙處理的人員（內部和外部專家皆算）。

**協作方法**（Workways）

結合我們的團隊習慣、組織政策、技術科技、法律規定和組織結構，一起決定我們如何合作。

# 資料來源

CHAPTER 1

1.  史帝文・克瑞默、泰瑞莎・艾默伯，《進展法則：運用小成就點燃工作上的喜樂、投入與創意》（Harvard Business Press, 2011）。

2.  馬可斯・周（Marcus Chiu）、海瑟・沙萊諾（Heather Salerno），《改變變革管理》（*Changing Change Management: An Open Source Approach*，暫譯。Gartner, 2019）。

3.  納西姆・尼可拉斯・塔雷伯，《不對稱陷阱：當別人的風險變成你的風險，如何解決隱藏在生活中的不對等困境》（Random House, 2018）。

4.  《同儕教練完整指南》（*The Definitive Guide to Peer Coaching*，暫譯。Imperative, 2019）。

5.  威廉・羅賓森（William G. Robertson），〈長期戰爭的案例研究〉（Case Studies from the Long War, vol. 1，暫譯。Combat Studies Institute Press, 2006），https://apps.dtic.mil/sti/pdfs/ADA462790.pdf.。

6.  金・史考特，《徹底坦率：一種有溫度而真誠的領導》（St. Martin's Press, 2019）。

CHAPTER 2

7. 查理・吉爾基，《完事大吉：如何實踐想法》（Sounds True, 2019）。

8. 道格拉斯・康南特、梅特・諾加，《接觸點：利用短小的時刻，打造強大的領導力關係》（*Touchpoints: Creating Powerful Leadership Connections in the Smallest of Moments*，暫譯。Jossey-Bass, 2011）。

9. 霍華德・畢哈，《星巴克：比咖啡更重要的事》（Portfolio, 2007）。

10. 普里亞・帕克，《這樣聚會，最成功！美國頂尖會議引導師，帶你從策劃到執行，創造出別具意義的相聚時光》（Riverhead Books, 2018）。

CHAPTER 4

11. 大衛・馬凱特，《翻轉領導力：創造更多領導者，不是訓練更多聽從者》（Greenleaf Book Group Press, 2012）。

12. 威廉・翁肯、唐納德・華斯，〈誰背著猴子？〉，《哈佛商業評論》（1974）。

CHAPTER 5

13. 丹尼爾・品克，《動機，單純的力量：把工作做得像投入嗜好一樣，有最單純的動機，才有最棒的表現》（Riverhead

Books, 2011）。

14. 賽斯・高汀，《先跳起來：創建有重要性的工作》（*Leap First: Creating Work That Matters*，暫譯。Sounds True, 2015）。

15. 蓋瑞・哈默爾、普拉哈，《競爭大未來：掌控產業、創造未來的突破策略》（Harvard Business Review Press, 1996）。

CHAPTER 6

16. 〈侏儒〉，《南方四賤客》，由特雷・帕克（Trey Parker）和麥特・史東（Mat Stone）製作，第 2 季第 17 集（Comedy Central, December 16, 1998）。

17. 雷迪・克羅茲，《減法的力量：全美最啟迪人心的跨領域教授，帶你發現「少，才更好」》（Flatiron Books, 2021）。

18. 愛德華・狄波諾，《六頂思考帽（全新修訂版）：思考大師狄波諾改變全世界的創新思維工具》（Little, Brown and Company, 1985）。

19. 麥可・波特，〈策略是什麼？〉（What Is Strategy?，暫譯），《哈佛商業評論》（November– December 1996）。

CHAPTER 7

20. 陶德・薩特斯坦，《圖書出版新世界》（The New World of Book Publishing）現場演說，俄勒岡州波特蘭（Portland, Oregon, 2012）。

21. 傑森・福萊德，推特（January 2, 2020, 12:03 p.m.），https://twitter.com/jasonfried/status/1212826719561891841。

## CHAPTER 8

22. 雅博（Bud Abbott）和卡斯特羅（Lou Costello），〈誰在一壘？〉，《好萊塢潮流》（*Hollywood Bandwagon*，1937）。

23. 橫井朋子、珍妮佛・喬登，〈發錯就是雷！職場表情符號應用學〉（Using Emojis to Connect with Your Team），《哈佛商業評論》（May 2022）。

## CHAPTER 9

24. 佛瑞德・瑞克赫爾德，《終極提問：帶動優異獲利與實質成長》（暫譯，Harvard Business School Press, 2006）。

## CHAPTER 10

25. 丹尼爾・品克，《什麼時候是好時候：掌握完美時機的科學祕密》（Riverhead Books, 2018）。

26. 麥可・布勞斯，《生理時鐘決定一切！：找到你的作息型態，健康、工作、人際，所有難題迎刃而解》（Little, Brown Spark, 2019）。